KB236321

저절로 공부하게 만드는 힘

공부 습관

공부습관

저절로 공부하게 만드는 힘

안경옥 지음

요즘 이슈로 떠오르는 단어가 있다. 자유 학년제, 4차 산업혁명, 로봇 인공 지능, 2015년 개정 교육 과정, 플랫폼 등이 바로 그것이다. 사회는 여전히 교육과 성공이라는 핵심 주제에 맞추어 끊임없이 움직이고 있다. 급변하는 사회 속에서 우리 아이들이 어디에 장단을 맞춰야 하고 어떤 기준으로 공부해야 하며 어떠한 성공을 해야 진정으로 안정된 생활을 할 수 있는지 정제되지 않는 물음표를 던지고 있다.

강연을 다니다 보면 심심찮게 꿈이 없다는 아이를 만날 수 있다. 생각하는 것 자체가 힘든 요즘의 아이들이다. 그래서일까? '꿈'을 갖기 위해 '꿈'을 찾기 위해 '꿈'까지도 선행 학습을 하는 시대가 왔다. 전국 중학교에서 시행하는 '자유 학년제'와 '고교 학점제' 때문이다. 자유 학년제란 1년 동안 학생 참여 중심, 과정 중심 수업을 듣는 것을 말한다. 수업 방식도 학생의 토론과 발표, 관찰과 실험 등을 중심으로 이루어진다. 고교학점제 역시 필수 이수 과목을 제

외하고는 학생들이 원하는 수업을 직접 선택해 듣는 교육 과정이
다. 두 제도가 안정적으로 정착되면 학생들은 중학교부터 고등학
교까지 '흥미와 적성', 즉 원하는 진로에 따라 선택해서 수업을 들
을 수 있다.

기존의 학습 방법에서 많은 변화가 일어나고 있다. 그러나 자녀
를 양육하고 교육해야 하는 부모는 여전히 방황하고 있다. 이런 까
닭에 우리 아이를 어떻게 키울 것인지, 능동적이고 주체적이며 혁
신적인 교육 방법이 필요하다. 부모는 내 아이가 현명한 학습 방법
을 습득하기를 간절히 바라고 있지만 아이는 새로운 교육 과정을
인지하고 빨리 적용하기까지 상당한 어려움을 겪고 있다. 누구나
새로운 학습 정보에 노출되는 게 쉽지 않기 때문이다.

2015년 개정 교육 과정은 어떻게 마련되었을까? 미래 사회가
요구하는 인재 역량을 함양하기 위해서 문과와 이과의 벽을 허물
고 인문학적 상상력과 과학 기술 창조력을 두루 갖춘 '창의 융합형

인재'를 양성하고자 마련되었다. 단편적인 지식을 암기하는 기존 주입식 교육 방법에서 벗어나 토의, 토론, 발표, 팀 프로젝트 같은 학생 참여 중심으로 교실 수업을 개선하고, 학생의 성장 과정을 평가하는 과정 중심 평가를 확대하는 데 의의를 두고 있다. 이에 초등학교에서는 안전 수업이 강화되며 중학교에서는 소프트웨어 교육이 의무화된다. 소프트웨어 교육은 일상의 문제를 효율적으로 해결할 수 있도록 학생들의 논리적인 사고력을 기르는 데 주된 목적이 있다.

공부법이 중요시되는 요즘, 부모는 아이들을 학원에만 의존하는 경향이 강하다. 먼저 공부했던 선배로서 부모의 본을 자녀에게 제시해 주는 것도 좋은 방법의 하나다. 실패했던 경험, 성공했던 경험, 공부하면서 깨달았던 작은 실수까지. 그 속에서 아이들은 동기 부여를 할 것이다. 공부에 대한 옳은 욕망을 키울 것이며 스스로 공부하는 아이로 변화할 것이다. 이런 이유에서 나는 이 책에서 내 부모가 알려 주지 못했던 성공적인 공부의 세계를 다양한 시각에서 재조명할 것이다. 엄마의 공부가 나의 공부에 어떤 영향을 미칠 것인지 깊이 생각하도록 자극할 것이다. 누군가에게 끊임없이 의지하는 공부가 아닌 혼자 하는 공부로, 자신과 하는 싸움에서 승리하는 공부법을 제시할 것이다.

어떤 공부가 진짜 공부일까? 사소한 공부 습관으로 공부 신을 만드는 비법, 학원이나 과외 없이도 성적이 잘 나오는 공부 신의 비밀, 작은 목표부터 실행해 단계의 성취감을 높여 스스로 공부하게 만드는 공부 습관을 소개할 것이다. 자녀를 어떻게 공부시켜야 할지 답답했던 학부모들에게는 시원하게 내리는 여름비 역할을 할 것이다. 공부의 방향을 잃고 방황하는 학생들에게는 친절한 안내서 역할을 할 것이다. 부디 이 책을 읽는 모든 이들이 단비처럼 갈증을 해소하길 바란다.

퀸스터디 및 한국진로학습연구소 대표 _ 안경옥

"

자신의 목소리를 들어 봐라.
얼마나 힘 있고 사랑스러운지.
공부로 쓸데없는 열등감을 쫓아내자.
공부야말로 열등감을 이기는 원동력이 될 것이다.

"

PART 1

꿈은
공부의
이유다

내 공부의 주인은 바로 나다.

인생을 바꾸기 위해 필요한 것은 공부다.

공부는 열등감을 이기는 원동력이다.

01 　꿈은
　공부의 이유다

　　"학교에 다니면서 그렇게 오래 공부했는데, 지겹지도 않아? 생활도 안정됐는데 뭐하려고 공부해?" 내가 결혼 이후 한국방송통신대학교에 들어가서 공부의 재미에 푹 빠져 있을 때 이웃 언니들이 내게 한 말이다. 나는 왜 결혼 이후에도 대학 공부를 했을까? 나의 학창 시절 가정 환경은 참으로 심란했다. 시골에서 땅 한 평 없이 남의 농사만 짓던 부모님은 5남매의 자녀 교육을 위해서 무작정 시내로 이사를 나왔다. 아버지는 지인의 도움으로 아산시청 공무원으로 취직했다. 책상에 앉아서 곱게 일하는 직종이 아니라

배움이 짧다 보니 청소하는 일을 하게 되었다. 요즘은 무슨 일을 하든 공무원이 석사 졸업생까지 탐내는 인기 종으로 탈바꿈했다지만 그 당시 사춘기인 나에게는 무척이나 창피한 직종이었다. 특히 아버지의 유니폼이 그 일을 상기시켰는데, 아버지가 그 옷을 입고 있는 것을 볼 때마다 부끄러웠다.

중학교 1학년 때 아버지가 시내 도로에서 일하다가 교통사고를 당했다. 도로의 화단이 부서질 정도로 사고의 흔적이 컸다고 한다. 나는 그렇게 어린 나이에 아버지를 잃었다. 그때 이후로 서울에서 신혼살림을 하던 큰오빠가 이사 내려왔다. 엄마와 동생들을 부양하기 위해서다. 큰오빠는 아버지의 교통사고 보상금을 받아서 서울에서 익힌 기술로 개인 사업을 했다. 오빠의 사업으로 좀 살만했던 살림살이는 결국 사업 실패로 아주 바닥으로 내려앉았다. 이전보다도 더 어려워졌다. 살던 집까지 날아가 버렸다. 큰 오빠는 7명이라는 대가족을 이끌고 오빠의 친구네로 이사했다. 집이 아닌 식물을 재배하는 커다란 비닐하우스로 우리의 거처를 옮겼다. 비닐하우스 안에 방과 주방, 화장실을 꾸며서 살았다. 정말 비참했다. 한참 예민한 나의 고등학교 생활은 그렇게 시작되었다. 나는 안전한 보금자리가 없어서 정서적으로 불안한 상태였다.

엄마는 근처에 있는 부유층 빌라로 식모살이를 위해 거처를 옮겼고 대학교를 막 졸업한 둘째 오빠는 대전으로 독립해 나갔다. 고등학생인 나와 셋째 오빠만 큰오빠 가족과 함께 비닐하우스에서 살았다. 가족이 뿔뿔이 흩어진 느낌이었다. 우울한 날들의 연속이었다. 공부가 머릿속에 들어오지 않았다. 난 비닐하우스를 벗어날 생각만 했다. 마침 같은 반 친구 중 한 아이가 학교 앞에서 자취를 하고 있었다. 난 그 친구에게 부탁을 해서 더부살이를 시작했다. 난 그렇게 친구의 자취방에서 편하게 학교를 다녔다. 우울한 비닐하우스에서 통학하지 않아도 되었다. 학교에서 엎어지면 코 닿을 만한 가까운 곳에 방을 얻었기 때문에 나의 통학은 참으로 편했다. 상황이 이러했기에 나의 학창 시절은 공부와는 동떨어진 방황의 시간으로 허비되었다. 나를 뺀 모든 반 친구들은 미래를 이야기하고 대학을 이야기하느라 늘 시끄러웠다. 나는 대학은 고사하고 어떻게 하면 좋은 곳에 취직할 수 있을까를 고민했다. 실업고가 아닌 인문 고등학교에 진학했기 때문에 쉽게 취직할 수 있는 여건도 안 되었다. 주산, 부기, 컴퓨터 등 어떤 자격증도 나에겐 없었다. 그러니 경리 일자리도 불가능하다. 정말 막막했다. 오빠는 대학에 가라고 했지만 대학은 내 마음속에 없었다. 물론 공부를 안했으니 내가 가고 싶던 대학에 갈 성적도 안 되었다. 어영부영 나는 대학 입학 시험도 안 보고 그냥 대책 없이 졸업했다.

나의 학창 시절은 이렇듯 아무 의욕도 꿈도 없이 무의미하게 지나갔다. 학창 시절 나에겐 공부를 해야 할 이유가 없었다. 공부는 이유가 있어야 한다. 왜 공부를 해야 하는지 목적이 있어야 한다. 나에겐 그것이 형성되지 않았다. 그저 어두운 내 가정 형편이 나의 모든 것을 짓누르고 있었다.

그러던 내가 결혼 이후, 아이들을 어느 정도 키워 놓고 학문의 길로 접어든 것이다. 나에게 간절한 꿈이 생긴 것이다. 학창 시절에 이루지 못했던 대학생이라는 꿈. 나도 대학이라는 이름을 걸고 공부를 제대로 해 보고 싶었다. 세월이 흐르고 삶의 여유를 찾으니 내 마음속에서 잠자고 있던 꿈이 고개를 들기 시작했다. 공부를 제대로 하고 싶어졌다. 대학이라는 과정을 나도 밟아 보고 싶었다. 대학 졸업장을 가져 보고 싶었다. 영원한 고졸 출신이 아니라 대학 졸업자라는 학사 학위 신분을 취득하고 싶었다. 포기하지 않고 끈질기게 공부한 덕에 드디어 학사 학위를 받았다. 학사 학위를 받으니 이젠 대학원에 가고 싶었다. 학교에서 학생들을 가르치고 싶은 또 다른 간절한 꿈이 생겼기 때문이다. 그러기 위해서는 학사 신분이 아닌 석사 학위로 나의 전문성을 부각시켜야 했다. 한국방송통신대학은 흔히들 누구나 들어갈 수 있는 쉬운 대학, 쉬운 졸업장이라고 생각한다. 대학 문이 낮다 보니 그만큼 대우도 낮은 것이다. 치열하게 공부하는 것과는 별개였다. 그래서 나에게 정식으로 인정받을 수 있는 석사 학위가 필요했던 것이다. 난 대학 졸업과 동시에 아주대학교 교육대학원에 합격하여 계속 공부를 이어갔다. 결국 2년 6개월 만에 석사 학위를 취득하였다. 이루 말할 수 없이 기뻤다. 나의 자존감은 쑥쑥 올라갔다.

꿈은 바로 인생의 목표다. 꿈을 설정하는 것은 공부 습관을 형성하는데 가장 중요한 부분이다. 피터 드러커는 '미래를 예측하는 가장 정확한 방법은 직접 미래를 만드는 것'이라고 했다. 공부에 재미를 붙인 나는 공부하기를 중단하지 않았다. 학교에서 아이들을 가르치기 위해서는 어떤 트렌드가 있는지 파악해야 했다. 전국의 대학교 평생 교육원에 있는 교육 과정 리스트를 뽑아 분석하기 시작했다. 어떤 과목을 공부해 둬야 학교에서 뒤처지지 않는 강사로 살아남을 수 있는지 나를 업그레이드하기 시작했다.

시대의 흐름을 파악하며 분석하기를 여러 번, 오래 하다 보니 어느새 이젠 과목 이름만 봐도 '이건 뜨겠다, 이건 안 돼, 이건 이미 지나갔어.' 등 나만의 눈이 생기기 시작했다. 평생교육원 교육 과정 리스트 파일을 만들어 수시로 보면서 그때그때의 흐름에 맞는 과목을 이수하기 위해 대학교를 찾아다니기 시작했다. 서울 숙명여대평생교육원 외 수많은 대학교를 찾아다니며 30여 개의 자격증을 취득하였다.

당시 그렇게 공부에 미쳐서 돌아다닐 때 이웃의 언니들은 자격증을 따는 것도 중독이라며 칭찬이 아니라 가시 발린 소리를 할 정도였다. 주변 사람들의 눈에 그렇게 보일 정도로 난 공부에 푹 빠져서 살았다. 그렇게 오래도록 공부를 하면서 하나도 힘들지 않았다. 나에겐 꿈이 있었기 때문이다. 그 꿈을 이루기 위해서 공부를 해야 했다. 나는 15년이 넘도록 학교 현장에서 선생님 소리를 들으며 나의 자리를 굳혔다. 많은 자격증을 준비하면서 처음에는 도서관 사서로, 그 다음은 도서관 강사로, 방과 뒤 학교 선생님으로, 전국 초·중·고등학교에서 자기 주도 학습과 진로 교육 강사로, 지금은 교육청에서 학습 코칭 선생님으로 6년째 학교로 파견 나가고 있다.

남들이 보기에 원대한 꿈은 아닐지라도 나는 학교 현장에서 실력 있는 선생님으로 학생들을 가르치고 싶었다. 그런 강렬한 꿈이 있었기에 나는 절실하게 공부의 필요성을 느꼈다. 꿈이라는 희망이 있었기에 공부하는 것이 짐처럼 무겁지 않았고 지루하지도 않았으며 막막하지도 않았다. 학창 시절 젊었던 때로 돌아간 듯 활력 있게 공부에 매진했고, 그 어느 때보다도 집중력 있게 나의 공부를 완성해 나갔다. 나에게 꿈은 공부를 해야 할 절실한 이유였다.

02 공부를 꼭 해야 하는 3가지 이유

공부는 왜 해야 할까? 학생 시절 가장 많이 한 질문이다. 하지만 늘 뻔한 대답만 돌아온다. 왜? 성공해야 하니까. 공부하는 사람은 다 성공할까? 꼭 그런 것은 아니다. 하지만 대체적으로 그렇다.

나는 대학에 가려고 인문 고등학교에 입학했다. 가족은 내가 꼭 대학교에 들어가서 성공하기를 바랐다. 하지만 갑자기 기울어진 경제 사정 때문에 나는 대학 진학을 포기했다. 집의 경제 사정이 바닥까지 내려가니 우울한 내 처지에 몰입되고 말았다. 공부는 뒷전이었다. 막상 대학에 가야 할 때가 되자 나는 성적이 안 되어 대학을 포기했다. 내가 꼭 대학에 가고자 했다면 내 성적에 맞는 대학에 갔을 것이다. 하지만 난 그러지 않았다. 내가 생각한 성공의 지름길은 자격증을 따서 취직하는 거였다.

그러나 학위가 없는 나는 대학 졸업자에게 언제나 뒤처진다는 느낌을 받았다. 성공을 향한 계단을 오르는 방식이 다르다. 당시 대학을 졸업한 사람은 나에게 있어 높은 산과 같은 존재였다. 감히 올려다볼 수 없는 그런 존재였다.

대학은 여러 기회의 문을 열어 준다. 공부를 하지 않으면 내가 할 수 있는 선택의 폭이 좁아진다. 취직을 하더라도 회사가 나에게 맞추는 것이 아니라 회사에 내가 맞춰서 들어가야 한다. 월급이 만족스럽지 않아도 다녀야 하는 입장이 된다. 그러나 열심히 공부하여 내가 원하는 대학을 가고 학위를 따면 내가 하고 싶은 일을 선택적으로 할 수 있다. 회사 여러 개를 놓고 비교하여 나에게 맞는 회사를 선택할 수 있다.

나는 결혼을 하고 뒤늦게 대학에 입학했다. 대학에 들어가지 않은 것을 늘 후회했다. 현재 나의 상황에서 성공할 수 있는 방법이 없었다. 취직도 마찬가지지만 내가 하고 싶은 꿈, 즉 엄마가 노래를 불렀던 학교 선생님을 할 수 없었다. 그렇다고 이미 30대인 내가 사범대를 들어간다는 것은 너무나 힘들고 어려운 일이었다. 나는 내가 할 수 있는 상황에서 최선의 방법을 찾아보았다. 주부도 쉽게 들어갈 수 있는 열려 있는 대학이 있다는 것을 알게 되었다.

한국방송통신대학교가 있다는 것이 얼마나 고맙고 감사했는지 모른다. 나에게도 공부할 수 있는 길이 활짝 열려 있었다. 나는 내가 다시 공부하는 학생이 된 것처럼 눈에 불을 켜고 공부했다. 남편은 이미 결혼 전에 대학을 보내 주겠다고 약속을 했었던 터라 적극 밀어주었다. 어떤 상황에서도 공부하는 것을 막지 않았다. 아니 너무 호의적으로 도와주었다. 내가 공부하기 위해서 운전을 배운 뒤 면허를 따니 남편은 자동차도 사 주었다. 편하게 공부하러 다니라고 배려를 해 준 것이다.

남편은 마치 나를 공부시켜 주는 부모와 같았다. 자신도 배우지 못한 고졸 출신이었기에 아내인 나를 뒷바라지하면서 대리 만족을 하였다. 시험 기간에는 도서관에서 늦게 까지 공부를 해도 전혀 싫은 내색을 하지 않았다. 그냥 무조건적으로 이해해 주고 도와주었다. 대학을 졸업하고 대학원까지 졸업한 나는 내가 원하는 선생님이 되었다. 물론 임용 시험을 본 정식 선생님은 아니다. 다만 학교라는 울타리 안에서 나의 직업이 형성되었다는 말이다. 또한 감히 생각하지도 못했던 교육청이라는 타이틀을 등에 업고 나는 학교로 간다. 교육청이라는 로고와 함께 내 이름 석자가 새겨진 교육청 명찰을 가슴에 달고 학교에 가면 발걸음마저 가볍고 유쾌한 기분으로 아이들을 만나게 된다.

이런 까닭으로 공부를 해야 한다. 내가 공부하지 않았다면 결혼

한 주부가 학교에서 선생님 소리를 들을 수 있었을까? 감히 생각하지도 못했던 교육청에 취직할 수 있었을까? 내가 교육청 장학사들 틈 속에서 학습 코칭 사업을 할 수 있었을까? 공부를 하지 않았다면 상상도 할 수 없는 일이다. 막연히 꿈으로만 간직했던 일이 공부를 함으로써 현실이 되었다. 나의 성장은 끊임없이 이루어지고 있다. 공부는 성공으로 이끄는 힘이다. 이것이 공부를 해야 하는 첫 번째 이유다.

공부를 하면 자존감이 상승한다. 또한 인정을 받게 된다. 공부를 해야 하는 두 번째, 세 번째 이유다. 사람들에게 인정받고 그로 인해 자존감이 상승하면 나를 스스로 사랑하게 된다. 어디를 가든, 누구를 만나든 자신감이 있다. 주눅 들지 않는다. 어려운 공부를 해내고 성취감을 계속적으로 느끼다 보면 상대적인 만족이 아니라 내 자신과 관련해서 만족감이 높아진다.

내가 가르치는 학생 중에 유빈이라는 아이가 있다. 그야말로 공부 성취감을 경험해 보지 못해 늘 목소리가 개미 소리였다. 남자아이였는데도 여자아이보다 목소리가 가늘고 낮았다. 고개도 거의 안 들고 눈도 못 마주친다. 볼 때마다 무척 안쓰러웠다. 나는 매 수업 시간마다 아주 사소한 것 하나라도 놓치지 않고 꼭 칭찬을 해 주었다. 그런 식으로 6개월을 보냈더니 드디어 아이가 얼굴을 들기 시작했고, 목소리가 커지기 시작했다. 엄마, 동생 이야기도 슬슬 하기 시작했고 웃기도 했다.

학교에서 공부에 흥미를 느끼지 못하고, 성취감을 경험하지 못하고, 선생님으로부터 칭찬을 듣지 못하는 아이들은 자연히 자존감이 바닥으로 내려간다. 평소 인정받는 경험을 못 하였기 때문이다. 타인에게 인정받고 살아 있는 존재라는 것을 느끼게 되면 더 활동적으로 적극적으로 변한다.

요즘은 우울증 환자가 많다. 특히 소아 우울증이 점점 증가한다. 우울증은 근본적으로 자신에 관한 만족감이 낮을 때 찾아온다. 환경이 급작스럽게 어려워져서 우울해질 수도 있고, 감당하기 힘든 질병을 겪을 때도 우울증이 온다. 어려서부터 낮은 자존감 때문에 자신을 자책하는 생활을 하면서도 우울증이 생긴다. 부모님이 우울증에 시달리는 것을 보고 성장하다 보면 자신도 우울증에 걸리기도 한다. 어두운 가정 환경 속에서 자라다 보면 우울증이 생기기도 한다. 이 모든 환경은 결국 자신에 대한 만족감이 결여되게 한다. 이때 자신을 끌어올리는 방법이 공부다. 공부로 자신이 처한 상황을 극복하는 것이다. 공부로 자신이 원하는 삶을 개척하는 것이다. 성취감을 계속적으로 맛보다 보면 자신감이 생기고 자신의 긍정적인 면을 발견하게 된다.

내 소중한 인생을 어둠 속에 방치할 것인가? 밝은 무대가 나를 위해 준비되어 있다는 것을 알고면서도 어둠의 커튼 속에 갇혀 있을 것인가? 씩씩하게 걸어 나오기만 하면 되는데, 나는 못 걷는 사람이라고 스스로 주문할 것인가? 당신은 공부를 하면 미래가 어떻게 변할 것인지를 안다. 공부가 가져다 주는 특별 보너스를 안다. 공부의 달콤한 매력이 무엇인지를 안다. 공부를 해서 성공하고 싶지 않은가? 공부를 해서 사람들에게 인정받고 싶지 않은가? 공부를 해서 자존감을 높이고 싶지 않은가? 그렇다면 늦지 않았다. 지금부터라도 화끈하게 시도해 보자.

03   내 공부의 주인은 바로 나다

공부라고 하면 먼저 가슴이 답답해지는 사람이 있다. 한때 나도 공부라는 말만 떠올리면 숨이 막히듯 답답함을 느꼈다. 공부는 나의 것이 아니고 남의 것인 양 왜 해야 하는지 이유를 찾지 못했다. 한국의 공부 방식은 처음부터 자율성을 빼앗는 공부다. 들어라, 조용히 해라, 여기부터 여기까지 해라 등 명령형 주입식 공부다. 자율성과 독창성이 강한 사람은 처음부터 이 공부 방식에 거부감을 느낀다. 스스로 자각하지 못하지만 뇌가 그렇게 여긴다. 뇌는 처음부터 부정적 신호를 보낸다.

물론 주입식 공부를 거부하지 않는 순종형도 있다. 이들의 뇌 역시 신호를 한다. 긍정적 신호를 보내면서 모든 것을 흡수한다.

한국의 공부 방식이 처음부터 자율성을 허용했다면 어땠을까? 유태인식의 공부법을 시도했다면 한국에는 천재들이 엄청나게 쏟아져 나왔을 것이다. 공부란 무엇일까? 사전적 의미로는 목적을 가지고 학문이나 기술을 배우고 닦는 것이다. 이를 통해 자신을 발전시키고 정신에 숭고한 에너지를 불어넣는 것이다.

공부를 하면 어떤 기대를 할 수 있을까? 무엇보다도 인간다운 삶을 보장받을 수 있고 성공할 수 있다. 그렇다면 공부를 안 하면 실패한 인생을 사는 것인가? 그렇진 않다. 공부를 안 해도 사는 데는 지장이 없다. 다만 성공을 논하긴 어렵다.

과거와는 다르게 현재에는 대학 진학률이 90% 이상이다. 대학원 진학률은 35~40%, 박사를 12,000명이나 방출하고 있다. 놀랍게도 40% 이상의 대학이 남아돈다. 이젠 원하기만 하면 누구나 갈 수 있는 곳이 대학이다. 대학의 유형도 얼마나 다양해졌는가. 학점은행제, 사이버대학, 성인원격대학 등 마음만 먹으면 여러 경로를 이용해서 학위를 딸 수 있다.

공부를 하면 자아실현의 기회를 얻게 된다. 이웃에 남편을 일찍 잃은 한 지인이 있다. 딸 하나를 두었는데 딸이 열심히 공부를 해서 공주사범대학교에 들어갔다. 그동안 딸은 홀어미와 살다 보니 기초 생활 수급자였고 최저 생활만을 유지했다. 엄마는 건강까지 좋지 않아 딸이 당장 벌어야 했다. 딸은 집에서 유일한 기둥이 되어 버렸다. 자신의 처지를 빨리 깨달았기에 대학에서 열심히 공부했고 졸업 뒤 공무원 시험에 합격하여 공무원이 되었다. 공부를 함으로써 자아실현을 한 것이다. 공부를 하면 힘이 생기고 희망이 생기고 기쁨을 얻을 수 있고 자신감이 생긴다. 이를 통해 진정 본인이 살아 있다는 만족감을 느끼게 된다.

그럼에도 불구하고 우리는 공부라는 것을 짐처럼 여겨 스스로 회피한다. 대부분 억지로, 강요에 의해서 공부한다. 자아를 인식하기 이전부터 부모에 의해, 선생님에 의해 이끌려 어느 날 갑자기 느닷없이 공부라는 것을 하고 있다. 그러다 보니 내 공부가 아니라 누가 시켜서 하는 의무적인 공부가 되어 버린다. 요즘은 그 어느 때보다도 자기 주도 학습을 중요시 여긴다. 자기 주도 학습은 학습자가 스스로 학습 목표를 정하고, 학습 전략과 학습 자원을 선택해서 학습하고, 학습 결과를 스스로 평가하는 학습 활동이다. 자기 주도 학습의 사전적 의미를 읽어 볼 때 현재 우리 학생들이 어떤 학습을 하고 있다고 생각하는가? 자기 스스로 공부하는 것이 생활화가 안 되어 있다. 공부 습관이라는 것은 어느 날 갑자기 좋은 태도로 확 변하는 것이 아니라 서서히 변하는 것이다.

그런데 우리는 아이들에게 노래를 부른다. 획일적이고 주입식으로 가르쳐 놓고 자기 주도 학습을 하라고 한다. 자기 주도 학습을 하기 위해서는 선행되어야 하는 것이 있다. 내적으로 학습 동기를 높여 줘야 한다. 동기 부여를 하게 되면 시키지 않아도 자기 스스로 방법을 찾는다. 어떻게 하면 공부를 잘할 수 있을지를 말이다. 동기 부여는 공부를 해야겠다는 자극을 갖게 한다. 공부를 성취했을 때 갖게 되는 효능감, 변화된 삶을 알게 해 준다. 즉 배워야 좋고 유익하다는 것을 생각하게 하며 공부를 통해 성공할 수 있다는 자신감을 심어 준다.

성공 사례를 시각화해 준다면 더욱 효과적이다. 닮고 싶은 롤모델을 선정하고 닮아가게 한다. 책상 위에 격려가 되는 명언들을 적어 두게 하는 것을 어떨까. 보고 읽을 때마다 내적 다짐을 하게 된다. 자신의 성공한 미래를 꿈꾸게 된다. 나는 지금도 이 방식으로 공부하고 있다. 사람은 누구나 끊임없이 편한 상태로 돌아가고자 한다. 시각화를 하면서 게을러지고 느슨해지는 나를 자꾸 채찍질해야 한다. 보고 느끼면서 정신을 환기시키는 것이다.

내 공부에는 사사건건 타인이 끼어들어서는 안 된다. 그저 코치해 주는 정도로 그쳐야 한다. 중학교 3학년 학생의 개인 코치를 했던 적이 있다. 부모님은 대형 마트를 운영하느라 늘 바빴다. 그럼에도 지녀 교육에 관심이 많은 엄마의 요청으로 1대1 학습 컨설팅을 하게 되었다. 부모와 상담을 하다 보니 문제점이 바로 나왔다. 엄마가 아이에게 비합리적인 관심을 지나치게 쏟고 있었다. 공부 환경을 만들어 주고 적당히 믿어 주고 밀어 주는 자세를 취해야 하는데, 아들에 대해 지나치게 부정적이고 숨통을 쥘 정도로 깊이 개입했다. 공부 잘하길 바라면서 안 될 거라는 부정적 멘트를 수없이 날렸다. 물론 그만큼 아들이 엄마에게 지속적으로 실망을 안겨 줬을 거라는 추측도 할 수 있다. 어쨌거나 아들이 진심으로 발전하길 바란다면 또한 학습 컨설팅을 할 각오까지 했다면 엄마도 자세를 바꿔야 한다.

엄마의 부정적 발언과 과한 행동 개입이 아이의 공부에 역효과를 주고 있었다. 엄마는 거의 모든 것을 통제하려고 했다. 집이 감옥 같은 느낌이었다. 그래서인지 아이는 학습 컨설팅을 하기 전까지는 수없이 집을 가출했었다. 하지만 엄마의 부정적 반응에도 불구하고 아이는 학습 컨설팅을 기꺼이 받아들였다. 선생님이 도와준다면 해 보겠다는 의지를 보였다. 한동안 학생의 공부보다는 바닥으로 떨어진 자존감을 끌어올리는데 주력했다. 키도 훤칠하고 외모도 꽃미남이었다. 성격도 부드럽고 유했다. 장점이 아주 많은 아이였다 그런 장점을 찾아서 끊임없이 부각시켜 줬다. 엄마한테 세뇌된 부정적 멘트를 녹여 없애는 과정이 필요했다. 집을 자주 나가던 아들이 착실해졌다. 학습 컨설팅이 있는 날이면 밖에서 놀다가도 약속을 꼭 지켰다.

세계에서 가장 공부를 안 하는 나라가 한국이라는 통계가 나왔다. 단 15세의 학업 성취도는 세계 일류다. 종합 성적 2위, 문제 해결 능력 1위, 읽기 능력 2위, 수학 능력 3위, 과학 능력 4위로 세계 최고 수준이다. 그러나 자율적인 공부, 즉 대학 교육은 60개 국 중

52위를 차지했다.

왜 이런 현상이 나타날까? 고등학교까지 주입식 공부를 하다가 대학에 들어가서 갑자기 하게 되는 자율적 공부, 자기 주도적 학습이 어색하고 습관화되지 않았기 때문이다. 대학은 최고의 실력으로 들어가지만 졸업할 때의 실력은 꽝이다. 미국의 경우는 대학 입학보다는 졸업하기가 더 어렵다. 공부의 주인으로 자기 주도적 공부가 그들에겐 너무나 당연하게 몸에 배어 있기 때문에 미국 대학생들은 스스로 열심히 공부를 하고 좋은 성적으로 졸업을 한다.

내 공부의 주인은 바로 나다. 어릴 적부터 왜 공부를 해야 하는지, 스스로 공부의 필요성을 깨닫게 도와주어야 한다. 주입식 공부법에 안주하지 않고 자율적 사고로 내가 하는 공부에 익숙해져야 한다. 그 일은 학교 현장에서 가정에서 먼저 변해야 한다. "가서 선생님 말씀 잘 듣고 와." 귀에 딱지가 앉을 정도로 들은 말이다. 이젠 "선생님에게 질문 많이 하고 와."라고 말해야 한다. 스스로 하는 공부, 공부의 주인으로서 당당히 나를 리드하자. 과외 선생님에 의해, 학원 선생님에 의해 또다시 휘둘리지 말자. 고삐를 과감히 풀어 던져 놓자. 내 공부는 절대 남이 해 줄 수 없다. 내 공부는 내가 즐겁게 하자. 내 공부의 주인은 바로 나다.

04 인생을 바꾸기 위해 필요한 것은 공부다

"대학을 왜 안 가겠다는 건데. 요즘 널 보면 살얼음판을 걷는 기분이야!"

고등학교 3학년 졸업 무렵에 오빠가 내게 화를 터뜨리며 한 말이다. 그러면서 개업한 지 얼마 안 되는 오빠의 커피숍을 마구 부수기 시작했다. 손에 잡히는 것은 무엇이든 부셔댔다. 많은 돈을 쏟아 부어 인테리어를 멋지게 꾸민 새 커피숍이었다.

애정이 특별한 막둥이 여동생이 말도 안 되는 옹고집을 피우고 있으니 화를 다스리지 못하고 분출한 것이다. 벽면에 꾸민 대형 스크린식의 어항도 깨져 물과 유리 파편과 물고기가 쏟아져 나왔다. 마음 같아선 동생을 두들겨 패고 싶었을 것이다.

둘째 오빠는 동생들에 대한 애정과 책임감이 남달랐다. 큰오빠는 장남으로서 가족을 물질적으로 부양해야 했으니 3명의 동생들 교육에 대해선 직접적인 간섭을 하지 않았다. 자신도 간신히 중학교만 졸업하고 기술을 배우러 서울로 상경하였다. 동생들 교육은 둘째 오빠가 담당했다. 아버지가 일찍 돌아가셨기 때문에 둘째 오빠가 동생들을 바짝 챙기기 시작한 것이다. 당시 엄마는 장사를 하여 그날그날 생계를 유지하였다. 아버지가 돌아가신 뒤에 엄마는 억척같이 매일 시장으로 장사를 나갔다. 새벽같이 나가서 밤늦게야 돌아오곤 했다. 집안의 살림살이는 둘째 오빠의 몫이었다. 부모의 돌봄을 받지 못하는 나와 막내 오빠를 고등학교 학생 신분이었던 둘째 오빠가 밥을 해 먹여 가며 학습 관리까지 해 주었던 것이다.

중학교 1학년 때부터 둘째 오빠의 숨 막히는 학습 코치가 시작되었다. 학교 수업이 파하고 집에 돌아오면 오빠의 과제가 기다리고 있었다. 오늘 해야 할 공부 범위를 정해 준다. 영어 단어는 몇 개를 외워야 하는지, 영어 교과서는 몇 페이지까지 외워야 하는지 범위를 정해 준다. 그러면 나는 어떤 일이 있어도 해야만 한다. 오빠의 진노가 두려웠다. 5살 위인 둘째 오빠는 화가 날 때만큼은 너무나 무서웠다.

공부가 재미없던 나에게 오빠의 관심은 지옥 같았다. 하기 싫은 공부를 억지로 해야 하니 공포 그 자체였다. 온종일 학교에서 공부에 시달린 내게 집에서는 오빠의 공부가 기다리고 있다. 숨이 막힐 것만 같았다. 다른 아이들처럼 공부 재능이 있었다면 무난하게 즐겼을지도 모르지만 나에겐 보이지 않는 긴 터널 같았다. 그래도 나는 꾹 참고 오빠의 과제를 하나도 빠뜨리지 않고 묵묵히 해냈다.

나는 워낙 순종적이었고 숙맥이다 싶을 정도로 드러나는 반항을 못하는 성격이었다. 그냥 말없이 속으로만 끙끙 앓았다. 둘째 오빠는 엄마보다도 무서웠다. 어쩌다 한번 말을 안 들었다고 호되게 맞은 적이 있다. 그때 이후로 거의 반항을 안했다. 숙제 분량을 너무 많이 줘서 화가 나도 속으로 그냥 꾹 누르고 참았다.

나는 잠자는 내내 꿈을 꾸었다. 꿈의 주제는 항상 둘째 오빠한테 화를 터뜨리는 일이다. 평소 하고 싶던 말, 속으로 꿀꺽 삼켰던 말을 밤새 오빠한테 퍼부었다. 아침에 깨어나 보면 허탈하게도 꿈이었음을 알게 된다. 내가 오빠한테 공부 스트레스를 많이 받고 있다는 것을 꿈을 통해 알게 되었다.

공부와 관련되지 않은 일에선 오빠는 한량없이 자상했다. 내가 주로 노는 친구들이 어떤 친구들인지 파악도 했고 내 친구들도 모두 오빠를 좋아할 정도로 오빠는 따뜻했다. 내 가방 속, 방 정리 상태, 모든 걸 다 체크해 주었다. 심지어 엄마한테 학용품 사야 한다며 거짓말로 용돈을 타는 내 모습을 목격하고는 꾸러미로 미리 사다 놓기도 했다. 힘든 엄마한테 돈 달라고 할까 봐 미리 용돈도 주곤 하였다. 동생으로서 오빠한테 맞대응한답시고 대드는 방식이 고작 오빠하고 말 안하고 담쌓는 것뿐이었다. 방문을 꼭 걸어 잠그고 말이다. 그러면 오빠는 어느새 맛난 군것질거리를 한 보따리 사다가 내 방에 살며시 밀어 넣었다. 친구들은 그런 오빠를 둔 나를 항상 부러워했다.

고등학교에 올라가서도 성적이 눈에 띄게 좋아지지 않자 전교 1등인 오빠의 절친한 친구를 과외로 붙여 주기도 했다. 과외는 나에게 또 다른 지옥이었다. 나는 지독히도 내성적인 성격이었기 때문에 오빠의 친구, 그 자체가 불편했고 어려웠다. 정말 부담스러웠다. 오빠는 이미 나의 진로를 결정해 놓았다. 동생이 가야 할 대학교와 학과까지 설정해 놓았다. 그때 당시 컴퓨터가 막 떠오르는 태양과 같은 존재였기 때문에 나를 컴퓨터학과에 보내려고 했다. 그렇게 오빠는 동생의 진로에 온 관심을 기울이고 정성을 들였는데 동생이 잘 따라오지 않았던 것이다.

오빠는 입버릇처럼 애기했다. 인생은 내가 만드는 것이다. 배우지 않으면 인생은 고달프다. 어머니 아버지를 봐라. 배우지 못했기 때문에 평생 힘들게 살지 않느냐. 세상은 넓다. 가장 꼭대기에서 내려다봐라. 가장 멀리 봐라. 공부를 해야 다른 사람한테 지배당하지 않는다. 오빠는 늘 책을 읽었다. 가난하고 바쁘지만 책이 항상 주변에 있었다. 오빠는 50대 중반인 지금까지도 일기를 쓰고 있다. 지금까지도 부단히 노력하는 사람이다.

　마침 대학을 갈 즈음 가정 상황이 바닥으로 기울어졌고 둘째 오빠는 돈을 벌러 대전으로 내려갔다. 난 공부를 손에서 아예 놔 버렸다. 어떻게 하면 자격증을 따서 취직을 할까 하는 궁리만 했다. 결국은 그렇게 졸업을 하고 둘째 오빠가 자리 잡은 대전으로 이사를 갔다. 둘째 오빠는 대전역 앞 만화방을 인수했다. 가게를 24시간을 돌리면서 돈을 벌었다. 돈을 모으자 오빠는 세련된 커피숍을 개업했다. 돈이 회전이 되니 하나 남은 막내 동생을 공부시킬 욕심에 재수를 시켜서라도 대학을 꼭 보내려고 했던 것이다. 오빠의 속마음을 깡그리 무시한 채 대학에 안 가겠다고 끝까지 고집을 피우다가 오빠의 커피숍에서 그런 일이 벌어졌던 것이다.

　오빠는 공부의 힘을 안다. 대학의 힘을 안다. 대학을 문턱에라도 간 사람과 안 간 사람의 상황이 어떠하다는 것을 누누이 말했다. 오빠는 그 현실을 진작에 알고 있었다. 그렇기 때문에 어떻게 해서든 동생을 대학에 보내서 인생을 바꿔 주려고 했다. 대학물을 먹어 보지 못한 사람은 그 세계를 말할 수 없다. 그 이상을 바라볼 수 없다. 그 이상을 생각할 수 없다. 자신이 서 있는 그 현실 세계만이 다 인 줄 안다. 독수리는 멀리 보고 멀리 난다. 참새하고는 삶의 방식 자체가 다르다. 먹이도 다르다.

　바로 위의 막내 오빠는 둘째 오빠가 시키는 대로 차근차근 잘 따라 주었다. 대학에 가기 전에 국가자격증 10개를 따 놓았고, 둘째 오빠가 추천해 준 대학에 들어갔다. 그것도 장학생으로 말이다.

대학 졸업과 동시에 막내 오빠는 한국전력원자력연료회사에 취직했다. 회사에 취직하고 바로 석사, 박사 과정을 모두 밟았다.

막내 오빠는 완전 학구파였다. 학자의 모습 그대로였다. 30년째 한 회사에서 충실하게 일하고 있다. 내 오빠지만 존경스럽다. 물론 이 방법이 정답은 아니다. 좋은 회사에 오래 버티고 있는 것이 다 좋다는 것은 아니다. 요즘 시대는 상황이 많이 바뀌었다. 다만 인생을 바꾸기 위해 끈질지게 공부하고 자신이 원하는 삶을 살고 있다는 점에서 존경스럽다는 것이다. 바로 그거다. 공부를 해야 만이 인생을 어느 정도는 원하는 방향으로 틀 수 있다. 노력하면 어떠한 경우라도 삶이 열린다. 인생을 바꾸기 위해 필요한 것은 바로 공부다.

05 공부는 열등감을 이기는 원동력이다

　내 학창 시절을 뒤돌아보면 나는 대부분을 열등감 속에서 살았다. 왜? 공부를 잘하지 못했기 때문이다. 학교 안에서는 공부를 잘하는 게 일종의 권력이다. 공부를 잘하는 아이는 반장, 부반장이라는 타이틀을 갖고 아이들 속에서 권력을 행사한다. 학교 선생님들 사이에서 사랑을 독차지한다.

　공부를 못하는 아이들은 마치 음지 속에서 빛을 못 보는 아이들과 같다. 선생님이나 친구에게서 관심을 못 받기 때문이다. 물론 나는 못하는 부류 쪽은 아니었다. 그렇다고 잘하는 상위권도 아니었다. 더군다나 나는 내성적이고 조용한 성격이기 때문에 이쪽으로도 저쪽으로도 잘 드러나지 않았다. 내 속에서 자신에 대한 만족감이 없기 때문에 항상 열등감에 휩싸여 있었다. 그렇다 보니 모든 면에서 적극적이지 않았다. 겉으로 보이는 표면적인 평은 그냥 얌전한 아이다. 그런데 내가 조용했던 이유가 내성적이고 얌전했기 때문일까? 과연 그 이유가 다일까? 아니다. 내 스스로 자신감이 없었기 때문에 표현을 안 했던 것이다.

상황을 뒤집어 보자. 만약 내가 공부를 잘하는 학생, 그것도 전교에서 상위를 다투는 우등생이고 반장을 하고 있다면? 그래도 얌전하고 조용하게 있었을까? 그렇진 않았을 것이다. 아이들에게 한마디를 해도 적극적이었을 것이고, 선생님들이 나를 존중해 주기 때문에 내 의사를 힘있게 주장했을 것이다. 그야말로 대우가 다르기 때문에 모든 면에서 자신감이 있을 것이다. 가만히 있는 게 아니라 나 자신을 드러내기 위해 제스처 몇 가지를 했을 것이다.

나는 내 학창 시절 때문에 학교에서 자신감 없는 아이들의 심리를 잘 꿰뚫어 본다. 내성적인 아이들의 심리를 잘 꿰뚫어 본다. 그래서 내가 먼저 아이들의 의도를 찔러 대처한다. 아이들 대부분은 나에게 빨리 마음의 문을 연다. 자기를 이해해 주는 선생님이 별로 없기 때문이다.

학교에서 나에게 학습 코치를 받고 있는 아이들 대부분은 "선생님이 우리 담임 선생님이었으면 좋겠어요. 선생님이 우리 엄마

였으면 좋겠어요. 선생님은 착해요. 선생님이 좋아요." 등 자기들 나름대로의 표현으로 나를 좋아해 주고 있다.

나는 어떻게 열등감을 극복했을까? 물론 공부를 제대로 하고부터 열등감을 극복하기 시작했다. 만학도로서 대학교에 입학했고 그 어려운 공부라고 소문나 있는 한국방송통신대학교 공부에 성공했을 때 나의 자존감은 회복되고 있었다. 대학원에 들어가고 의미 깊은 수업에 참여하면서 공부에 재미를 붙여 가고 있을 때 자신감은 또 상승했다. 남들은 하나 따기도 어려운 자격증을 30여 개나 따면서 나의 자존감은 더 업그레이드되고 있었다. 학교에서 수많은 아이를 지도하며 만족감을 느끼면서 더는 열등감이라곤 찾아보기 어려웠다.

이젠 내가 스스로 열등감을 멀리 치워 버리고 자신감 100배로 살다 보니 주변에 자존감 낮은 사람들이 참 많다는 것을 느낀다. 다양한 학부모를 상담하고, 주변 친구들, 지인들 심지어 함께 일하는 선생님들과 이야기하면서도 느낀다. 때론 자신의 지위와 상관없이 자존감이 낮은 사람들이 많다는 것을 알게 되었다. 나는 그들과도 상담을 한다. 나는 그 밑바닥을 빨리 꿰뚫어 본다. 내가 자존감 없이 깊은 수렁에서 여러 번 허우적대다 보니 그들의 아픔이 더 잘 보이는지도 모르겠다.

사회의 다양한 사람과 소통하면서 새삼 느낀다. 열등감이 쌓여 있는 사람이 참 많다는 것을. 열등감이 있는 사람은 대부분 부정적이다. 불만이 많다. 자신과 타인을 비교한다. '이 열등감의 근원이 뭘까?' 하고 생각해 보았다. 어릴 적 자라 온 환경도 있고, 현재 처한 상황도 있겠지만 대부분이 공부다. 성취감 있는 공부를 해 보지 못한 사람의 밑바탕에 열등감이 깔려 있다.

난 소수의 학생들에게 학습 코치를 할 때 가장 먼저 칭찬을 아주 많이 해 준다. 자존감이 낮은 아이들은 학교에서나 집에서나 칭찬에 인색함을 늘 경험한다. 어디서도 칭찬을 받지 못한다. 그런 까닭에 본인들도 본인을 사랑하지 않는다. 자아 존중감이 바닥이다.

칭찬을 자주 듣다 보면 생각을 하게 된다. '내가 진짜 괜찮은 아이인가? 한번 해 볼까?' 등 외부에서 들려오는 소리에 뇌가 반응한다. 뇌는 들은 대로 창조한다고 한다. 나의 역할은 아이들의 자존감을 상승시키는 것, 열등감에서 빠져 나오게 하는 것이다. 그런 다음에 학습으로 들어간다. 아주 조금씩 감당할 수 있는 것부터 접근을 한다. 계속 칭찬으로 이어질 수 있는 것부터 시작하는 것이다.

딸아이는 중학교 때 늘 학원에 다녔다. 이상하게도 학원에 다녀도 성적이 오르지 않았다. 그래서 공부하는 것을 재미 없어 했다. 공부에서 성과를 보시 못하니 "엄마 나는 왜 공부를 해도 성적이 오르지 않지?"라며 실망하였다. 그러던 어느 날 고등학교에 들어가서 첫 모의고사를 보았다. 본인도 놀라서 얼굴이 상기된 채 집에 왔다. 모의고사 성적이 전교 5등이라는 것이다.

그때부터였다. 진짜 공부를 하기 시작했다. 공부를 얼마나 재미

있어 하는지 시험 때만 되면 방에 틀어박혀서 나오질 않았다. 간식을 갖다 주러 들어가면 필통을 세워 놓고 가르치고 있었다. 필통을 친구라 생각하고 자신이 공부한 것을 필통에게 설명해 주는 것이었다. 그렇게 한 번 공부에 맛을 들이더니 절대 상위권에서 내려오질 않았다. 그 뒤로 모든 학원을 다 끊었다. 자신이 혼자 하는 게 훨씬 낫다고 하였다. 딸아이는 특히 수학을 잘했는데 학교에 가면 아이들한테 수학을 가르쳐 주느라 바쁘다고 하였다. 선생님한테 설명 듣는 것보다 친구인 딸아이한테 설명 듣는 게 훨씬 이해하기 쉽다면서 서로 가르쳐 달라고 자리로 몰려온다고 하였다. 딸아이는 평소에는 올려다보지도 않고 농담으로나 입에 올렸던 중앙대학교에 수시로 합격하였다. 공부라는 것이 그런 역할을 한다. 평소 자신감 없고 열등감에 빠져 있는 사람을 고개 들게 하는 힘, 자신의 존재를 드러나게 하는 힘, 타인을 배려하게 하는 힘, 자신을 사랑하게 하는 힘이 있는 것이 바로 공부다.

열등감은 사람을 비굴하게 만든다. 열등감은 옆 사람을 괴롭힌다. 열등감은 자신을 음지로 내몬다. 여유가 없다. 마음이 비좁다. 열등감에 싸인 그런 사람이 되고 싶은가? 아닐 것이다. 누구보다도 당당하게 자신의 존재를 드러내고 싶을 것이다. 자신의 목소리를 스스로 들어 보아라. 얼마나 힘 있고 사랑스러운지. 공부로 쓸데없는 열등감을 쫓아내자. 공부야말로 열등감을 이기는 원동력이 될 것이다.

06 공부는 나 자신과 하는 싸움이다

공부를 잘하는 사람과 못하는 사람 사이에는 어떤 차이점이 있을까? 그것은 바로 자신과 하는 싸움에서 이기느냐 지느냐 하는 차이이다. 당신은 자신과 하는 싸움을 얼마나 시도해 보았는가? 자신과 하는 싸움은 혹독하나, 승부 판결이 냉철하다. 우길 수 있는 성질이 아니기 때문이다. 나는 내 자신과 매번 싸운다. 그렇게 해야만 성취감을 얻을 기회가 많아지기 때문이다. 타인과 하는 싸움 곧 경쟁은 성취감이 오래가지 못한다. 진정한 경쟁 상대는 나 자신이다. 나를 이기지 못하면 세상의 어떤 어려움도 헤쳐 나가기 힘들다.

　나는 늦은 나이에 다시 공부를 시작했다. 어린 아이들이 있었고 남편 뒷바라지도 해야 했다. 그럼에도 공부를 시작했고, 해야겠다는 굳은 결심이 나를 방해하거나 공부를 못하게 하는 장애물이 생길 때이다. 이를 극복하게 해 주었다. 만학도에게는 학생 때와는 차원이 다른 어려움과 환경에 몰릴 때가 있다. 갑자기 아이가 아프다거나 집안에 행사가 있을 때가 있다. 공부하는 학생은 가족의 행사가 있어도 내 한 몸만 빠져 나오면 그만이다. 그러나 주부 입장, 엄마 입장, 아내 입장이면 상황이 다르다. 문제를 적극적으로 해결해야 할 장본인이기 때문에 뒤로 물러나 있을 수가 없다. 그런 까닭에 자신과 하는 싸움에 여러 번 부닥친다.

　보통 시험 때가 다가오면 한 달을 두고 바짝 공부에 임해야 한다. 한국방송통신대학교 공부는 생각처럼 만만치 않다. 나의 경우 영문학을 공부하고 있었기 때문에 공부는 더 혹독해야 했다. 난 영어를 싫어했다. 학교 다닐 때 오빠가 죽어라 시킨 게 영어 공부다. 매일같이 단어 외우고 본문 외우는 게 이가 갈릴 정도로 싫었다. 그런데도 난 왜 영어를 선택했을까? 묘한 심리다. 그렇게 어렵다고 느꼈던 영어를 정복하고 싶었다. 영어는 나의 열등감을 항상 자극했다. 그래서 무의식적으로 영문과에 끌렸나 보다. 보통 다른 전공 과목은 보름을 투자해야 했다면 영어는 한 달을 투자해야만 시험에 응할 수 있었다. 영어를 잘 하는 사람이라면 상황이 달랐겠지만 나처럼 외국어에 절절매는 사람의 공부는 그러하다. 나는 공부할 시간을 찾아야만 했다. 아이 핑계, 살림 핑계는 그저 핑계일 뿐이다. 공부할 방법과 시간을 찾아내는 것이 나의 임무다.

아이들을 학교와 어린이집에 보내 놓고 나는 서둘러서 도서관에 갔다. 도서관에도 내가 좋아하는 자리가 있다. 성격상 좋아하는 자리에 앉으면 심리적으로 안정이 되고 공부가 잘 된다. 나는 최대한 일찍 가서 좋아하는 자리를 차지한다. 그러면 그날은 공부가 참 잘 된다. 밤 11시까지 도서관에서 있어야 하기 때문에 최대한 내가 원하는 안락한 자리를 잡는다. 아침부터 오후까지 쭉 이어서 공부를 하면 서서히 집중력이 흐려진다. 그럴 때 나는 잠시 집에 갔다 온다.

아이들이 집에 잘 돌아와 있는지 챙긴 뒤 저녁밥 준비를 한다. 반찬 몇 가지와 찌개를 해 놓고 냉장고에 한눈에 띄게 넣어 논다. 초등학생인 딸아이에게 냉장고 문을 열어 어떤 반찬을 꺼내 놓아야 하는지 아빠 밥상을 어떻게 차려야 하는지 지시해 놓는다. 다행히 딸아이는 독립적으로 잘 컸고 항상 내 기내를 져 버리지 않았다. 초등학생이지만 제법 어른스럽게 아빠가 퇴근하면 밥상을 차려 주고 식사 뒤엔 다시 반찬 정리를 해서 냉장고에 넣어 놓는다. 물론 이 작업은 아빠와 함께한다. 남편은 공부하겠다는 나의 의지에 대해 두 손 걷어 부치고 적극적으로 지원해 주었다. 남편이 밀어주는 덕분에 환경적인 방해 요소는 거의 없었다. 나는 다만 내 자신과 싸울 뿐이었다. 남편은 열심히 공부하는 내 모습을 보고 얼마나 자랑스러워 하는지 모른다.

결혼한 여자에게 공부라는 것이 사실 쉽지 않다. 하지만 나에겐 뚜렷 목표가 있었기에 육체의 편안함을 반납했고 정신의 안락함도 거부했다. 몸을 바짝 긴장시켜야 했고, 정신 또한 바짝 차려야 했다. 단 한순간도 긴장을 놓거나 부정적인 생각을 하지 않으려고 노력했다. 편한 주부의 일상으로 돌아가고 싶어 하다가 무너지는 건 한 순간이다. 나는 나 자신을 채찍질했고 느슨해지지 않으려고 부단히 노력했다. 집에서 공부하는 것을 선호하는 사람이 있는가 하면 나 같은 경우는 무조건 도서관으로 가야만 했다. 일거리에 휘말리지 않기 위해서다. 가정 주부가 집에 보이는 일거리를 보고도 안 할 수가 없기 때문이다. 그래서 모든 걸 뒤로 하고 나와야 했다. 공부할 때만큼은 방해 요소가 없어야 했다.

10년 넘게 공부에 손을 놨다가 다시 공부를 시작했을 땐 결코 쉽지 않았다. 집중하기도 어려웠다. 매 순간순간 잡념으로 머릿속이 가득했다. 한 줄을 읽고 생각나지 않아 다시 읽고, 방금 읽은 것도 또 다시 읽었다. 읽었는지 헷갈리고 기억이 안 난다. 내 머리가 바보가 되었나 싶을 정도였다. 여자들은 출산이라는 과정을 겪어서 이런 현상을 더 느낀다. 특히 자연 분만이 아닌 제왕 절개를 한 사람들은 마취제를 사용한다. 마취제의 부작용은 두고두고 나타난다. 건망증이 가장 흔한 증상이다. 들어도 금새 잊어버린다.

나라고 집에서 편하게 쉬고 싶지 않았을까? 친구들과 수다 떨고 싶지 않았을까? 나는 오늘은 이 집, 내일은 저 집, 오늘은 이 카페, 내일은 저 카페로 돌아다니면서 먹고 놀고 수다 떨고 싶었다. 여자인 내게는 이런 놀이와 여가 생활이 자연스럽다. 좋은 친구들과 시간을 보내고 싶다. 그러나 나는 그렇게 하지 않았다. 즐거운 시간, 즐기는 시간을 애써 차단하였다. 여러 상황에서 난 하나를 선택해야 했다. 놀 것인가, 공부할 것인가. 공부를 해야 한다면 나의 여가 시간은 다 반납해야 한다.

끊임없이 놀고자 하는 욕구와 싸워야 한다. 편하게 풀어지고 싶은 마음과 싸워야 한다. '오늘만 쉴까?' 하는 내면의 목소리에 귀를 닫아야 한다. 내 속에서 끊임없이 두 마음이 갈등한다. 하지만 싸워 이겨야 한다. 나에겐 목표가 있기 때문이다. 공부는 결코 쉬운 상황을 허락하지 않는다. 애초에 유혹 거리는 차단해야 한다. 마음에 굳은 결심을 해야 한다. '이것을 이룰 때까지는 공부만 해야 해.' 하는 식으로 자신과 굳게 약속해야 한다. 그렇게 하지 않으면 자신과 하는 싸움에서 항상 지는 쪽으로 기울어진다. 그렇게 하지 않으면 이길 수 없다.

나 자신과 싸워서 이겨야 한다. 이 핑계 저 핑계로 오늘만 오늘만 하다가는 아무것도 이룰 수 없다. 어느 정도 능숙해진 다음에야 시간적 여유를 즐겨야 한다. 나의 여가는 그때로 잠시 미뤄 두는 것이다. 대학 공부를 할 때나 지금이나 나는 내 공부 목표를 위해서 끊임없이 나 자신과 싸운다. 싸워서 패하든 승리하든 그것은 나중 문제다. 끝까지 어떤 태도로 공부에 임하는가가 중요하다. 오늘도 나는 실력 있는 작가로 업그레이드되기 위해 나 자신과 싸운다. 공부하는 학생은 공부를 위해 자신과 싸워야 한다. 오늘도 나는 결코 나에게 굴복하지 않는다!

07 가장 필요한 것은 용기다

공부하는데 용기가 필요할까? 답부터 말하자면 필요하다. 사람마다 환경이 다르고 여건이 다르다. 가장 영향을 받는 것이 환경이다. 누구에게나 항상 좋은 환경이란 없다. 오늘은 맑았다가 내일은 구름, 모레는 비 마치 기상청 날씨와도 같은 것이 사람의 일상이다. 그런 까닭에 환경에 의지해서 무엇인가를 시도하는 것은 매우 불안정하다. 그런 까닭에 용기, 즉 마음의 심지가 꼭 필요하다. 내가 얼마나 간절히 원하고, 나에게 얼마나 필요한 것인지에 따라서 움직일 확률이 높다.

둘째 아이를 낳은지 만 1년이 되었을 무렵 난 자동차 운전을 배우고 싶었다. 현대인에게 운전이 필수로 다가오고 있었기 때문이다. 지금으로부터 25년 전이니까 내 주변 사람들과 비교할 때 여자의 운전은 내게도 이른 판단이었다. 여자들의 운전이 막 유행할 때였다. 운전을 꼭 배워야 하지만 나에겐 어린 아이가 있었다. 필기 시험은 어찌해 볼 수 있겠지만 실기 시험이 문제였다. 실기 시험을 준비하려면 매일 학원에 나가야 했다. 그것은 곧 아기를 데리고 매일같이 학원에 나가야 한다는 말이다. 어르신들은 어린 아기를 사람이 많은 곳에 데리고 나가는 것을 별로 좋아하지 않는다. 공기 중에 돌아다니는 세균과 매연에 일찍 노출되는 게 좋지 않기 때문이다.

나 역시 걱정이 되었다. 지금 꼭 운전면허를 따야 할까? 아기가 너무 어린데 나중에 할까? 내가 운전은 잘할 수 있을까? 사고라도 나면 어쩌지? 마음속에서는 수많은 생각들이 하지 말라는 핑곗거리들을 찾아 주고 있었다. 그것들은 내 인생을 향한 부정적인 소리다. 인생에 도움이 안 된다. 나를 발전시키는데 방해가 되는 생각들이다. 면허 시험에 도전하느냐 안하느냐는 나의 용기에 달려 있었다. 용기를 내느냐, 환경에 눌려 포기하느냐 역시 나에게 달려 있었다.

나는 용기를 냈다. 오히려 아기가 어리면 좋을 수 있다는 생각이 들었다. 조금 더 크면 아이에게 시간을 많이 빼앗겨서 면허를 딸 시간을 찾지 못할 것이다. 부정적으로 떠올랐던 생각의 반대인 긍정적인 요소들을 찾아보았다. 결국 나는 면허 따기에 도전했다.

아이는 너무 어려서 어린이집이나 학원은 엄두도 못 냈다. 그때 당시는 24개월 이하는 받지도 않았다. 나는 아기를 데리고 다닐 수밖에 없었다.

간절히 원하면 방법이 생긴다. 원하지 않기 때문에 방법이 없는 것이다. 찾으면 나온다. 나는 학원 경리 아가씨에게 부탁을 했다. 내가 운전 연습하는 시간에만 아기를 봐 달라고 했다. 다행히 경리 아가씨는 마음이 착해서 기꺼이 봐 주었다. 그렇게 몇 주간을 아기를 데리고 학원에 다녔고 만점으로 실기에 합격했다. 면허 따는 것도 이렇게 용기가 필요하다. 이 세상에 쉬운 것은 없다. 거저 돌아오는 것은 없다. 그만한 대가를 치러야 한다. 희생이든 용기든 돈이든 말이다. 그중에 제일 쉬운 게 용기다. 희생과 돈은 나에게서 뭔가를 빼앗기는 것이다. 그러나 용기는 단지 마음만 먹으면 된다. 어떤가? 기꺼이 해 볼만 하지 않은가?

나는 30대라는 꽃다운 나이에 자격증 공부에 온 힘을 바쳤다. 인생에시 30대는 가장 아름나울 때라고 한다. 특히 여자에겐 말이다. 10대 20대가 아닌 30대가 그렇단다. 이때쯤 여자들은 발악을 한다. 멋을 부리는 쪽이든 사랑을 하는 쪽이든 자기 계발을 하는 쪽이든 뭔가에 푹 빠져서 존재감을 찾을 때이다. 결혼과 자녀 양육을 하면서 자신에 관해 뭔가를 알아가는 시점이다. 완숙미라고 해야 할까? 나를 돌아봐도 역시 30대가 가장 그리운 시기다. 나는 일찍 결혼했기 때문에 육아에서 빨리 자유로워졌다. 남들보다 더 일찍 자유의 날개를 달았다. 그 날개의 깃털을 부지런히 가꾸고 다듬었다. 몇 배로 멋을 부렸었다. 그렇게 아름다운 시기에 난 여자로 있기보다는 공부하는 학생으로 돌아갔다. 대학을 졸업하고도 공부하기를 중단하지 않았다. 대학원을 다니면서, 학교 방과 후 강사로 일하면서 나는 자격증 공부를 쉬지 않고 했다. 자격증 한 개를 따면 또 다른 자격증 과정에 등록하여 공부하기를 반복하였다.

새로운 공부를 시작할 때마다 항상 갈등을 한다. '이것을 꼭 해야 할까? 수강료가 생각보다 비싼데 돈을 이런 곳에 계속 써야 할까?' 수없이 갈등한다. 그러나 결론은 항상 같다. 할 수 있을 때 하자. 하고 싶을 때 하자. 시간이 흐른 뒤에는 하고 싶어도 못할 수 있다. 그러니 '여건이 될 때 해 두자'였다. 이런 생각을 하기까지는 분명 용기가 필요하다. 먼저 돈이 있어야 한다. 시간을 투자해야 한다. 공부하러 타 지역까지 왔다 갔다 하는 심리적 부담감과 싸워야 한다. 나는 그 당시 평택에 살고 있었기 때문에 교육 장소가 서울이나 경기도 북부에 있는 경우 자동차를 직접 운전하거나 대중교통을 이용해야만 했다. 보통 이상의 열정이 아니면 매번 시간을 들여서 타 지역까지 가는 것이 만만치가 않다. 나는 항상 자신과 싸웠고 용기를 냈다.

도전은 곧 용기다. 용기가 없다면 도전은 불가능하다. 작가 동기생 중에 70살인 어르신이 있다. 동대문에서 스카프 장사로 자수성가 한 분이다. 남편을 일찍 여위였기 때문에 혼자서 경제 살림을 도맡아야 했다. 어려운 시기를 견뎌 내고 일어났기에 이분은 모든 것을 할 수 있다는 자신감에 부풀어 있다. 현재 대학원 석사 졸업을 준비 중이다. 얼마나 멋진가. 70살이라는 나이면 인생에서 새로운 것을 시도하는 게 바보 같은 짓이라고 여길 때다. 모든 것을 뒤로하고 물러나 있으려 하는 시기다. 하던 일도 포기하고 죽을 날을 향해 더 늙어 가는 것을 받아들일 때다. 그런데 이분은 작가라는 새로운 길에 도전하였다. 그것도 엄청난 열정으로 임한다. 젊은 사람보다 강렬한 열정과 자신감으로 똘똘 뭉쳐 있다. 그분을 보면서 자극과 동기 부여를 받는다. 생기가 있다. 살아 있다. 열정이 있다. 힘이 솟구친다. 나는 이분에게 만날 때마다 존경스럽다고 말한다. 멋지다고 말한다. 분명 작가라는 길을 쉽게 결정하지 않았을 것이다. 이 일을 선택하기까지 대단한 용기가 필요했을 것이다. 나이와 환경, 경제적 여건, 주의의 시선 등 모든 것이 새로운 도전을 망설이게 할 수도 있다. 그럼에도 불구하고 과감하게 용기를 냈다. "내가 못할 것은 없지. 그 어려운 시기도 혼자서 감당했는데."라며 생글생글 미소 짓는다.

공부를 하든 자기 계발을 하든 거저 되는 것은 없다. 내부에서 들려오는 부정적인 소리와 끊임없이 싸워야 한다. 또 다른 긍정적인 자아로 대처해야 한다. 공부는 누가 하라고 떠밀어도 소용 없

다. 좋은 환경을 제공하는 것은 별개의 문제다 . 중요한 것은 내가
할 수 있느냐, 정녕 내가 맞붙어서 해낼 자신이 있는가를 스스로
결정해야 한다는 것이다. 무엇인가를 시작하고 도전한다는 것은
항상 어렵다. 그만큼 여건과 환경에 지배를 당하기 때문이다. 그러
나 그 어떤 것도 막지 못하는 것이 있다. 바로 열정이 가득 담긴 용
기다. 꼭 하고야 말겠다는 용기야말로 산도 무너뜨릴 수 있고, 건
물도 세울 수 있다. 공부에 있어서 우리에게 가장 필요한 것은 용
기다.

PART 2

스스로 사고하는 공부가 진짜 공부다

느린 것이 아니라 포기하는 것이 문제다.

한 번이라도 괜찮다, 한계를 극복하라.

공부는 결국 혼자 하는 것이다.

01   스스로 사고하는 공부가 진짜 공부다

스스로 알아서 즐겁게 공부하는 아이는 모든 부모가 바라는 자녀의 모습이다. 어릴 때부터 책과 친숙한 아이는 간혹 그러기도 한다. 온종일 혼자 내버려 두어도 집에 있는 책장에서 이 책저 책을 열어 보며 끊임없이 읽어 대는 아이가 있다. 그렇게 시간을 보내는 것이 그 아이에게는 놀이다. 책 속의 글자들이, 책 속의 이야기들이 내 놀이 공간이 되어 상상과 생각 속에서 시간 가는 줄 모르고 빠져들게 한다.

대학 시절 함께 공부하던 언니의 아이들을 알게 되었다. 엄마가 항상 공부하느라 바빴고, 아이들을 학원에 보낼 형편이 안 되었기 때문에 7살, 8살인 남매를 데리고 도서관으로 매일 출근했다. 아이들이 3살 4살 때부터 도서관에 늘 데리고 다녔다고 한다. 도서관에서 글을 떼었고, 몇 년을 도서관에 풀어놓고 시간을 보냈다. 아이들이 도서실에서 자유롭게 책을 읽도록 하고 엄마도 책을 읽거나 열람실에서 공부를 했다고 한다. 그것이 습관이 되었고 현재 한국방송통신대학에서 공부를 하고 있는 언니는 아이들을 굳이 학원에 보내지 않아도 도서관에서 얼마든지 즐거운 시간을 보낸다고 안심하고 있다.

나는 우연히 아이들이 책 읽는 수준을 보고 기함을 했다. 8살 아이가 성인도 보기 힘든 전문 서적을 보고 있었다. 언니한테 아이들의 책 읽는 수준에 대해 놀라움을 표현했더니 깔깔 웃으며 "우리 아이들은 원래 그래. 책을 하도 봐서 이젠 어린이책은 시시하다며 안 읽어. 수준이 거의 나하고 비슷해."라고 한다. 7살짜리 남자아이도 마찬가지였다. 그 아이 손에도 두꺼운 책이 들려 있었다. 양장본으로 된 전문 서적이었다. 나에겐 정말 충격 그 자체였다.

만약 엄마가 처음부터 아이들에게 "너는 이런 책을 읽어야 해."라며 강요했다면 과연 이런 전문 서적까지 읽게 되었을까? 결코 그러지 못했을 것이다. 가랑비에 옷 젖듯이 서서히 도서관이라는 좋은 학습 환경을 만들어 주고 적응시켜 주었기에 가능하지 않았을까? 분명 아이들은 엄마의 강요가 아니라 스스로 생각하고 선택해서 책을 읽는 것이다. 요구하지 않아도 스스로 재미있어서 호기심에 책을 집어 들었고 또한 시간 가는 줄 모르게 읽을 수 있었던 것이다.

그 이후로 그 언니의 집을 방문한 적이 한 번 있었다. 언니의 남편을 보게 되었는데, 남편 역시 어마어마한 독서광이었다. 안경 가게를 운영하는 남편은 매일 도서관에서 책을 빌려 와 손님이 없는 틈틈이 책을 읽고 있었던 것이다. 언니의 아이들을 조금은 이해하게 되었다. 7살 8살이면 아무것도 모르는 천방지축이다. 그러나 그 아이들은 말수가 적었고 어른스러웠다. 이미 자기 스스로 사고를 하는 아이들이었다. 눈동자가 달랐다. 초점이 선명했고, 어른의 말을 흘려듣지 않았다. 마치 천재 꼬마와 함께 있는 듯했다. 아니 거의 그 아이들은 천재이고 영재였다.

언니의 선택이 탁월했다. 아이들을 학원으로 보내는 것이 아니라 자신이 조금 귀찮더라도 도서관으로 데려 갔던 것이 이런 효과를 낳았다. 그 아이들에겐 책이라는 세상이 가장 행복한 놀이다. 책을 못 보게 하는 것이 그 아이들에게는 가장 큰 벌이다. 내 아이들과 비교하니 내가 부끄러울 정도였다.

요즘 아이들은 너무 이른 나이부터 학원이라는 울타리에 자신의 모든 것을 맡겨 버린다. 유아기부터 어린이집, 유치원, 예능 학원, 필수 교과 학원 등을 다니면서 스스로 알아서 할 여유가 없다.

엄마가 시키는 대로 온종일 학원으로 뺑뺑이 돌기 바쁘다. 어떤 아이들은 자기가 뭐 하러 다니는지조차 생각도 안 한다. 그냥 엄마가 가라니까 간다고 한다. 그냥 선생님이 하라고 하니까 한다고 한다. 그렇게 아예 의식조차 하지 않는 아이들도 있다. 적어도 '난 공부하러 학원에 다녀!'라는 의식은 있어야 하지 않는가. 부모들이 아이들의 머릿속을 들여다보면 놀라움을 금치 못할 거다.

참 안타깝다. 학교에서 아이들을 가르치다 보면 대다수가 학원에 다닌다. 그런데 과연 효과가 있을까 싶다. 나 역시 아이들이 어릴 때 학원을 필수라고 생각하고 보냈었다. 심리적으로 불안했던 것이다. '다른 아이들은 다 학원에 다니는데 내 아이만 놀리는 것이 아닐까?' '이러다가 우리 아이만 뒤쳐지면 어떻게 하지?'라는 생각에 갇혀 아이들을 집에 가만히 못 두었던 것이다. 그러나 나는 어느 순간부터 생각을 달리했다. 학원에 다닌다고 우리 아이가 180도 달라지는 것은 아니다. 학원을 보내도 미세하게 성적이 오르거나 아예 성적에 변화가 없을 때가 태반이었다. 그럼에도 학원에 보내고 있었던 것은 불안한 마음을 달래기 위해서였다. 나는 아이가 고등학교에 올라가면서 모든 학원 보내기를 중단했나. 결코 돈이 아까워서가 아니었다.

학원을 끊고 나니 오히려 아이들은 그때부터 자기 공부를 하기 시작했다. 딸아이는 워낙 수학을 좋아해서 수학 과외만 했다. 수학은 항상 만점을 받아왔는데, 더 어려운 문제를 선행 학습을 하며 선생님에게 미리 코치받기 위해서였다. 큰아이는 학원을 끊고 자기 스스로 하는 공부를 하며 성적이 오르기 시작했다. 성적이 올라도 결코 우연으로 여기지 않았다. 학원에 다닐 때는 '내가 학원에 다녔기 때문에 성적이 오른 거야!'라며 학원 의존성을 더 키운다. 그러나 학원을 끊고 스스로 공부했기 때문에 온전히 자기 실력이라고 믿어 버린다. 자신을 신뢰하게 된다. 자기만의 공부 방식이 옳다는 것을 확신하게 된다. 더 열심히 하게 된다.

학교에서 여러 아이를 지켜보았다. 학습에 관심이 없는 아이들도 학원에 다닌다. 방과 후 학교 과정이 끝나고도 또 학원으로 가기 바쁘다. 오히려 학원 때문에 학교에 있는 시간도 온전히 즐기지 못한다. 공부하기 싫어서 어떻게 하면 더 놀까 궁리한다. 더 재미있는 게임에 빠지고 친구들과 모여 놀 궁리만 한다. 이런 아이들이 학원에 간다고 집중해서 공부할까? 아니다. 학원에 가서도 마찬가지다. 학원을 빨리 벗어나려고 한다. 선생님 말이 다 끝나기도 전에 튕겨져 나간다. 또 다른 놀이가 있기 때문이다. 빨리 공부의 울타리에서 벗어나고 싶은 거다.

과연 학원에서 수업에 집중할까? 결코 집중하지 않는다. 수업 중에도 옆 친구와 장난하기 바쁘고 스마트폰을 만지느라 정신을 방황한다. 그래서 안타깝다. 학원은 아이들에게 의존성만 키운다.

'내가 공부를 못하니까 학원이라도 다녀야 해!'

이 사고방식은 부모의 생각에서 영향을 받는다.

먼저 아이들에게 스스로 사고하는 힘을 길러 줘야 한다. 위에서 소개한 것처럼 학원 보낼 시간에 도서관에 데리고 가는 것은 어떨까? 책은 인생 안내서이자 학습 안내서이다. 여러 사람이 경험하고 느낀 것을 간접 경험하게 도와준다. 독서는 아이들이 생각하지 못하고 미처 깨닫지 못한 것을 책을 통해서 배우게 하고 스스로 자기 관리를 하도록 돕는다. 그러기 위해서는 부모의 의식이 먼저 변해야 한다. 불안을 없애야 한다. 때론 공부 좀 못하면 어떠하랴 하고 멀리 바라볼 필요도 있지 않을까? 아이들을 먼저 키워 보고 먼저 실수해 본 사람으로서 살짝 제안하는 것이다. 내 아이 스스로 사고하는 힘을 키우도록 하자, 스스로 사고하는 공부가 진짜 공부다.

02   공부에 대한 관점을 바꿔라

'공부는 어렵다.' '공부는 지겹다.' 공부라고 하면 흔히 생각나는 것이다. 나도 한때는 그랬다. 왜일까? 공부에 너무 무겁게 접근해서 그런 게 아닐까? 우리는 학교에서 공부를 잘하는 학생, 못하는 학생, 이렇게 분류해 놓고 선생님에게 동일한 대우가 아닌 편애를 경험하였다. 공부를 잘하면 예쁨을 받고, 못하면 무관심과 미움을 받는 일반적인 상황을 접했기 때문에 공부에 대한 이미지가 별로 좋지 않다. 그뿐 아니라 시험을 보면 성적이 우리 눈앞에 숫자로 순위가 매겨진다. 그 숫자는 달갑지 않은 충격의 숫자다.

공부를 잘하려면 머리가 좋아야 하고 이 세상은 결국 좋은 머리를 타고난 사람들의 것처럼 여겨진다. ‘왜 하필 나는 이렇게 태어났을까?’ ‘왜 내 머리는 이 정도밖에 안 될까?’ ‘저 어려운 수학을 잘하는 아이들의 뇌는 도대체 어떻게 생겨 먹었을까?’ 여러 생각들이 공부와 관련해서 들 것이다. 결국 해답은 없다. 공부는 무조건 잘하고 봐야 한다. 그렇다면 어떻게 해야 공부를 잘 할 수 있을까? 갓 아기를 낳은 엄마들은 내 아이를 천재로 키울 양 나름대로 최선의 방법을 도모한다. 그런데 공부는 그렇게 거창한 것이 아니다. 그냥 우리 생활 속에서 간단하게 실천하면 그것이 공부다.

아기와 이야기를 많이 해 보았는가? 갓 말을 배운 아기는 끊임없이 말을 한다. 궁금한 것도 많다. 질문하고 또 질문한다. 대답해 주기 귀찮을 정도다. 그 질문이 아기에겐 공부다. 아기가 원할 때 부모는 공부할 수 있는 환경을 만들어 주어야 한다. 함께 눈을 마주치고 웃어 주고 말대꾸해 주고 무엇이든 엄마의 생각을 아이와 함께 나누는 것이다. 아기는 다른 무엇으로 공부하는 것보다 엄마의 음성을 듣는 것이 최고의 공부다.

일부 엄마는 이것이 학습이라고 생각하시 않는다. 공부는 커서 학교에 들어가면 그때 하는 것이라고 생각한다. 그래서 엄마가 해야 할 역할을 TV에게 맡겨 버린다. 아기가 좋아하는 만화영화를 틀어 주고 엄마는 다른 일에 전념한다. 아기가 스마트폰을 좋아한다고 스마트폰을 손에 쥐어 주기도 한다. 이것은 아주 심각하다.

유아 때 뇌는 폭풍 성장한다. 스펀지가 물을 빨아들이듯 쭉쭉 빨아들인다. 이 시기에 강력한 영상으로 아기의 뇌를 마비시키는 과오를 범하는 것이다. 커피숍이나 식당에 가면 흔히 이런 모습을 보게 된다. 조금이라도 귀찮게 하거나 울면 바로 스마트폰을 건네준다. 그러면 아기는 울음을 뚝 그치고 바로 스마트폰 영상에 몰입한다. 엄마들은 이런 맛에 자꾸 아이 손에 폰을 쥐어 준다.

옛 유대인들은 아이가 책과 가까워지게 하기 위해 책에 꿀을 발라 놨다고 한다. 꿀을 핥아 먹으며 책장을 넘긴다. 책을 갖고 놀다 보면 한 페이지 한 페이지 열어 보게 되고 그림도 보고 종이의 질도 느낀다. 아이는 손의 느낌, 책의 냄새, 그림을 보는 눈, 혀로 느끼는 꿀맛과 더불어 다양한 것을 경험하게 된다. 이것이 바로 유아 때부터 경험하는 공부다.

공부를 어느 순간에 갑자기 잘하는 것으로 생각하지 마라. 공부를 잘하기 위해서는 분명 어느 시점부터 연결되는 공부의 선훈련이 필요하다. 값비싼 장난감으로 아이의 두뇌를 자극시키지 않아도 된다. 돈이 없어도 얼마든지 공부의 환경으로 아이를 밀어 넣을 수 있다. 공부는 머리가 좋아야 한다는 선입견을 버리자. 물론 머리가 좋으면 유리하다. 하지만 진짜 공부는 머리가 아니라 끈기다. 노력이 필요하다. 실천이 필요하다.

학생들 중에 아이큐는 좋은데 의외로 공부를 못하는 아이들이 있다. 본인도 안다. 자신이 머리가 좋다는 것을. 이야기해 보거나 일을 해결하는 능력을 보면 분명 머리는 월등하게 좋다. 그러나 공부는 못한다. 맞다. 공부를 못하는 이유는 머리가 나빠서가 아니다. 공부를 안 해서 못하는 거다. 공부에 시간을 투자할 여력이 없다. 공부보다 더 재미있는 게임이 있다. 공부하려고 책상에 앉으면 게임이 떠올라서 집중을 못한다.

상담 공부를 하던 시절이 있었다. 상담 사례를 만들기 위해서 학생 여러 명에게 개별 녹취를 하며 상담한 적이 있다. 물론 녹취에 관해 허락을 받은 뒤에 진행을 했다. 명수라는 학생은 머리가 명석하다. 조금만 바짝 공부하면 성적이 확 오른다. 그런데 도통 공부하지 않는다. 왜일까. 이야기를 깊이 있게 나누다 보니 매일 습관적으로 게임하는 것을 알게 되었다. 밤마다 게임 때문에 잠도 거의 못 자고 있었다. 학교에 가면 졸기 바쁘다. 때론 졸음을 쫓기 위해 학교 밖으로 나와서 배회를 한다고 한다. 툭하면 학교에서 엄마한테 전화를 건다. 아이가 학교에서 사라졌기 때문이다. 어쩔 땐 학교에 있어야 할 아이가 PC방에 있기도 했나.

학생들에게 게임과 같은 강력한 재밋거리가 있으면 공부는 뒷전으로 밀리게 된다. 머리와는 완전히 별개의 이야기가 아닌가. 이미 중독으로 빠지면 자기 의지대로 안 된다. 자동적이고 습관적으로 게임에 끌려다닌다.

공부도 습관이다. 공부 외의 다른 것이 없어야 한다. 공부의 맛을 알아야 한다. 꿀 발린 책의 맛을 아는 유아처럼 말이다. 어떻게 하면 공부를 즐겁게 할 수 있을까? 공부를 놀이처럼 하라는데 어떻게 하라는 건가? 도서관에서 영어 강좌를 수강한 적이 있다. 영어 강사는 나이가 지긋한 분이었는데 당신이 성공적으로 영어 공부를 했던 방법을 소개했다. 방법 중 한 가지는 광고판에 있는 광고 영어를 하나도 놓치지 않았다는 것이다. 길을 가면서 영어로 된 간판들은 모두 사전을 찾아보았고, 외국에 나가서도 시내 상가 건물의 간판 영어 위주로 공부했다고 한다. 또한 그는 신문의 제목을 분석하였다고 한다. 식당에서 홍보하는 광고 메뉴판도 슬쩍 읽어 보고 마는 것이 아니라 의미를 찾아보고 1차적 의미, 2차적 의미, 발음 등 모든 걸 깊이 파고드는 식으로 공부를 했다고 한다. 그러다 보니 어느새 영어와 가까워졌고 지금은 영어 강사가 되었다고 한다.

6살인 어떤 아이도 한글 공부를 정식으로 배우지 않았는데 한글을 뗐다. 아이는 할머니와 시내에 갈 때마다 상가 건물 간판에 적혀 있는 광고 글씨에 호기심을 갖게 되었다. 한 글자 한 글자 할머니한테 물어보면서 반복적으로 나오는 글씨를 구분하기 시작했고 같은 받침을 분류하면서 한글의 체계를 깨우친 것이다.

그렇다. 공부는 꼭 머리를 싸매고 하는 것이 아니다. 관심만 있으면 자신만의 방법, 노하우를 찾게 된다. 공부를 너무 어려운 과업

으로 생각하지 말자. 알고 싶은 것부터, 궁금한 것부터 해결하면 된
다. 사람마다 공부하는 방법이 다르다. 누구는 이런 방식으로 성공
했고, 누구는 저런 방식으로 성공했다. 오늘이 다르고 내일이 다르
다. 공부하는 방법엔 정답이 없다. 자신에게 맞는 방법이 가장 좋은
방법이다. 나만의 방법을 찾자. 공부의 관점을 바꾸자. 공부가 쉽다
고 생각하자. 공부를 놀이라고 생각하자. 모르는 것을 알아가는 과
정이라고 생각하자. 공부에 관한 관점만 바꾸면 된다.

03 탄탄한 공부에는 시간이 필요한 법이다

공부는 긴 전쟁과도 같다. 장기적으로 투쟁해야 하는 만큼 고통스럽고 인내심을 시험하기도 한다. 언제까지 이 상황에 처해 있어야 하는지 회의감마저 든다. 포기하고 싶기도 하고 공부의 이유를 다시 고려해 보기도 한다. 그만큼 공부는 단기간에 끝낼 수 있는 성질의 것이 아니다. 심지어는 평생에 걸친 작업이기도 하다.

내 경우에도 공부를 쉬지 않고 계속하고 있다. 평생을 해 온 셈이다. 그렇다고 투덜대거나 원망하거나 지겹다고 생각하며 마지못해 하지는 않는다. 내가 선택한 일이고 더 나은 삶을 바라기 때문에 기꺼이 한다. 건물 한 채를 건축하는 것으로 생각해 볼 수도 있다.

탄탄한 건물을 원하는가 아니면 날림으로 짓는 허접한 건물을 원하는가. 누구랄 것도 없이 전자를 원할 것이다. 건물이 들어앉을 그림을 생각하며 토목공사를 탄탄하게 할 것이고 어떤 재해에도 떠내려가지 않을 기초공사를 할 것이다. 건물을 짓는데 시간이 조금 더 걸리더라도 기초공사는 탄탄하게 해야 한다. 그렇지 않으면 건물을 아무리 예쁘게 지어도 언제 어떻게 될지 알 수 없고 불안하다.

공부도 마찬가지다. 탄탄한 실력을 쌓으려면 시간이 오래 걸린다. 시간이 오래 걸리더라도 기초 공부를 야무지고 굳세게 해야 한다. 일회성으로 단지 암기만 하는 공부, 요령을 피우는 공부는 오래 가지 않는다. 기초가 탄탄하지 않은 공부는 늘 아리송하고 뒤죽박죽이다. 기초 개념을 다시 들춰 보고 기억을 더듬느라 애를 먹는다. 그러나 기초가 탄탄한 공부는 어떤 장애물을 만나도 조금만 노력하면 주르르 풀린다.

의대생의 예를 봐도 알 수 있다. 의료진은 사람의 생명을 다루기 때문에 한 치의 오차도 없어야 한다. 한 치의 실수도 용납되지 않는다. 그 때문에 의대생은 많은 학문을 배워야 한다. 일반 대학보다 두 배나 많은 시간이 걸린다. 그렇게 해야 만이 숭고한 인간 생명을 다룰 수 있으므로 탄탄하게 기술을 연마해 나간다.

외국어도 마찬가지다. 친한 지인의 아들이 있다. 외아들이라 애

지중지 물고 빨며 귀하게 키워 왔다. 아이에 대한 사랑은 아이가 학교에 다니면서 학구열로 바뀌었다. 유독 영어 공부에 꽂힌 엄마는 아들이 영어를 잘하길 바랐다. 영어 공부를 시키기 위해 환경을 철저히 서양화했다. TV 프로그램도 미국 채널을 봤고 그렇지 않을 땐 늘 영어 라디오를 틀어 놨다. 귀에 딱지가 앉을 정도로 아이를 영어 방송에 길들였다. 학원은 초등학교 때 잠깐 보낸 게 다였다. 영어 공부를 거의 독학으로 시켰다. 그 덕분에 성인이 된 아들은 언어에 있어서 만큼은 완전한 미국인이 되었다.

얼굴을 보지 않은 상태에서 외국인과 대화하는 것을 들어 보면 누가 한국인이고 누가 외국인인지 구별이 안 갈 정도다. 놀라운 것은 영어 공부를 위해서 미국에 한 번도 가 보지 않았다는 사실이다. 온전히 집에서만 공부했다. 탄탄한 외국어 실력을 습득하기까지 오랜 시간이 걸렸다. 유아, 초등, 중학, 고등 시절까지 10년이 넘는 세월을 공부에 매진했다. 외국어를 제대로 끝내려면 기본 9년은 걸려야 한다고 전문가가 말한 적이 있다. 사실 딱 맞는 말이다.

요즘 사람들은 뭐든 승부를 빨리 보려고 한다. 시간이 오래 걸린다고 하면 지레 포기해 버린다. 이는 비단 학생뿐만이 아니다. 성인도 마찬가지다. 나는 대부분 공부하는 환경에서 살아 왔기 때문에 지인들도 공부를 함께 했던 사람들로 구성되어 있다. 친한 이웃의 언니나 친구들과 함께 공부를 시작했다. 그러나 그들의 공부는 오래 가지 못했다. 대부분 공부 생명력이 최대 1년밖에 유지되지 않았다. 포기가 빠르다. 결과를 보기엔 시간이 너무 오래 걸린다고 투덜댔다. 단번에 효과를 보려고 서두른다. 어찌 단시간에 공부하고, 결과 역시 빨리 볼 수 있으리라 기대할까. 그렇게 생각하는 것 자체가 잘못된 것이다.

작년부터 서울 강남에서 진로 지도, 자기 주도 학습 지도사 자격증 반을 운영하고 있다. 가끔 이렇게 묻는 사람이 있다. "자격증을 따면 바로 강사가 될 수 있나요?" 이렇게 묻는 것에 대해 당연히 이해는 간다. 그러나 자격증을 딴다고 누구나 강사가 되는 것은 아니다. 자격증을 딴 뒤에도 강사가 되기 위해 발로 뛰고 공부하고 노력해야만 강사가 될 수 있다. 강사가 되는 것은 본인의 몫이다. 자격증 과정은 강사가 되기 위한 조건을 만들어 줄 뿐이다.

그만큼 요즘 시대는 마음의 여유가 없다. 빨리 해서 빨리 승부 보길 원한다. 한국 사람의 기질이기도 하지만 공부하는 것에 익숙하지 않고 습관이 되어 있지 않은 사람의 특징이기도 하다. 내가 한국방송통신대학교 공부를 시작했을 때 평택 지역 영문과 1학년 신입생만 수십 명이었다. 그러나 졸업을 한 사람은 다섯 명 미만이었다. 대단한 각오로 공부를 시작했던 사람들은 다 어디로 갔을까? 왜 중도 탈락을 했을까. 오래 걸리는 공부를 계속 해낼 자신이 없었던 것이다. 물론 주위에 공부를 방해하는 요소들이 즐비하다. 그러나 간절히 원하고 꼭 해내야겠다는 각오로 덤볐다면 어떤 시련과 장애물이 와도 기꺼이 물리쳐 가며 공부해야 한다.

탄탄한 공부는 원래 시간이 오래 걸린다. 오랜 시간 투자한 공부는 결코 쉽게 날아가지 않는다. 잠시 잊어버렸다가도 필요할 때 기억 저편에서 꺼내서 사용하기도 한다. 나는 최근 새로 시작한 작가 공부도 오래 걸린다는 것을 염두에 두고 있다. 훌륭한 기술을 배웠다 해도 금새 내 것이 되기는 힘들다. 반복적으로 연습하고 써 보고 검증받은 뒤 드디어 전문 작가가 되는 것이다. 탄탄하게 연습하고 쓰는 작업은 끈기가 필요하다. 인고의 세월을 거치지 않고는 이룰 수 없다. 특히 처음에는 어느 것이나 다 힘들다.

나는 각오를 했고 부단히 노력을 할 것이다. 탄탄한 실력가로 검증되기까지 나의 노력은 긴 싸움으로 돌진할 것이다. 성공한 사람은 빨리 쉽게 나오지 않는 법. 시간이 그 사람을 검증했듯이 나의 노력도 검증될 것이다. 그러기 위해서 오랜 시간 탄탄하게 공부를 계속할 것이다.

04 다양하게 깊이 있게 생각하라

때로는 생각하는 훈련도 필요하다. 학교에서 학생들을 가르치다 보면 다양한 질문을 하게 된다. 그런데 아이들은 무미건조하게 "몰라요." "모르겠어요."라고 대답한다. 생각하기 귀찮다는 증거나. 조금만 생각하면 대답할 수 있는데 생각을 안 한다. 참 안타깝다. 어디서부터 어떻게 시작해야 할지 답답할 정도다. 요즘 청소년에 비해 1970~80년대의 청소년들은 생각을 많이 했다.

그때 나온 대중가요만 봐도 알 수 있다. 깊은 생각이나 감성에 의해서 나온 가사들이 대부분이다. 요즘 가사들은 옛날 것들만큼

감흥이 안 온다. 나만 그런 생각이 드는 건지도 모르지만…….

　나는 고등학교 시절 가정 형편이 어려웠기 때문에 성격이 활발하지 않았다. 말이 없었던 만큼 생각을 많이 했다. 때로는 내가 무슨 생각을 하고 있는지도 모를 정도로 꼬리에 꼬리를 물고 생각을 계속 했을 정도다. 생각하기 가장 좋은 시간대가 있었다. 고등학교 2학년 때 늘 공부에 대한 압박감이 있었기 때문에 한때는 독서실에서 살다시피 했다. 그 당시 독서실은 잠자는 것까지 허용되던 시절이었다. 한 달치 열람증을 끊어 놓으면 나만의 자리가 확보된다. 겁도 많고 내성적인 성격 탓에 혼자 다닐 용기는 안 나고 마음 맞는 친구와 함께 독서실 열람증을 끊어 놓고 독서실을 내 집처럼 이용하였다. 독서실 실장이 둘째 오빠와 아는 사람이라 나의 독서실 생활을 철저히 관리했다. 마치 고용된 감시원처럼 말이다. 하지만 나에겐 감시가 필요하지 않았다.

　난 오로지 집, 독서실, 학교가 다였다. 친구들과 어울려 시내를 활보할 성격도 못 되었다. 어찌 보면 숙맥이고 고지식하고 꽉 막힌 보수파 소녀였다. 돌아다니는 것을 안 좋아하고 친구들과 하하 호호 노는 것을 별로 즐기지 않았다. 다만 같이 공부하고, 책 보고, 앉아서 음악 이야기와 친구 이야기와 삶에 대한 이야기를 나누는 것이 다였다. 나는 굉장히 정적인 학생이었다. 둘째 오빠는 막내 여동생이 어찌 될까봐 노심초사 매번 감시하고 관리하느라 바빴다.

오빠는 나와는 달리 적극적으로 학교생활에 임했기 때문에 친구들이 온양에 쫙 깔려 있었다. 부탁만 하면 움직이는 친구들이 넘쳐났다. 오빠는 조용히 친구들을 풀어서 나의 뒤를 살폈다고 한다. 나는 졸업한 뒤에야 오빠의 자백으로 그 사실을 알게 되었다.

70년대 80년대는 라디오의 전성시대였다. 독서실의 조용하고 아늑한 조명 가운데 공부를 하다가도 밤 10시가 되면 나는 습관처럼 독서실 책상에 설치되어 있는 라디오에 손이 갔다. 헤드폰을 머리에 쓰고 조명마저 꺼 버린다. '별이 빛나는 밤에'라는 그 당시 한참 감성적인 프로그램이 있었다. 우리들 사이에서는 엄청 인기 있는 프로그램이었다. 그 프로그램은 잔잔하면서도 애틋한 음악을 배경으로 깔아 놓고 에세이식의 긴 글을 감미롭게 읽어 주었다. 나는 그 방송에 열광했다.

청소년 시절 나에겐 이 시간이 유일하게 세상과 소통하는 기회였다. 겁 많고 조용한 성격 탓에 다양한 경험을 할 수 있었던 호기심을 누르며 살았다. 부모나 학교에서 하지 말라는 것은 아예 생각도 하지 않았다. 어찌 보면 꽉 막힌 생활을 했다. 그랬기에 나에게 세상은 얕게 읽은 책과 음악이 다였다. 책과 음악은 생각을 하게끔 뇌를 자극했고 감성과 감정을 자주 두드리며 생각의 깊이를 깊게 하였다.

다양한 생각은 나에게 지적 호기심을 채우도록 자극했다. 새로운 공부를 하도록 시도하게 했고 그 결과물은 또 다른 관문으로 도전하게끔 마음을 자극시켰다. 무엇인가에 도전하고 시작할 때는 항상 여러 생각이 나를 시험한다. '지금 그걸 해서 뭐하나' '이게 내 미래에 어떤 도움이 될까' '비용이 너무 드는데 해야 할까?' 이런 갈등을 잠시 한다. 하지만 더 깊이 생각을 해 보면 늘 같은 결론에 이른다.

부정적인 생각은 내가 성장하려 할 때마다 길을 가로막는 식으로 다가온다. 그러나 다시 생각해 본다. '그래, 시간은 어차피 흘러간다, 내가 이것을 하든 안 하든 시간은 쉬지 않고 흘러간다. 그렇게 흘러가는 시간 속에서 나는 무엇을 할 것인가. 그냥 안락한 일상으로 시간을 보내고 나면 나에게 남는 건 무엇이 있을까. 그러나 시작만 해 놓으면 흘러가는 시간과 함께 분명히 결과물이 내게 남아 있을 것이다. 어차피 시간은 간다. 힘든 순간순간을 잘 버티어 보자.' 나는 주로 이런 생각으로 부정적인 생각을 막아 버린다. 그런 뒤 도전한다. 그러고 나면 부정적인 생각들이 깨끗이 승복하고 도망가 버린다. 나는 다양하게 깊이 생각하면서 매번 이겨 왔다.

몇 개월 전 또 하나의 생각이 나를 어지럽혔다. 난 평소 작가가 되고 싶었다. 그러나 꿈을 현실화시키기엔 작가로서의 나의 실력이 한참 미달이었다. 평소 책은 많이 읽었지만 글 솜씨는 형편없었다. 그렇게 문학적이지도 않았다. 단지 마음만 간절할 뿐이었다. 그러던 중 블로그를 통해서 책을 써서 성공한 여러 작가를 알게 되었고 '한국 책 쓰기 성공학 협회' 이하 〈한책협〉이라는 곳을 알게 되었다. 카페를 둘러보면서 나의 생각들이 물꼬를 틀고 방황하기 시작하였다. '지금 시작을 할까? 아니야, 내가 무슨 작가를……' 하지만 무조건 아니라고 부정할 것이 아니었다.

나에겐 생활의 변화가 필요했다. 15년 동안 학생만 가르쳐 왔던 단조로운 생활 패턴에서 뭔가 파급력 있는 변화가 기대됐다. 가보지 않은 길이라고 해서, 내가 경험해 보지 않은 세계라고 해서 마냥 소극적으로 움츠러들기는 싫었다. 새로운 길을 걷다 보면 진짜 나의 적성에 맞는 천부적인 재능을 발견할 수도 있다.

늦은 나이에 진정 자신이 원하는 일을 만나서 행복해 하는 사람이 의외로 많다. 난 결국 시도하기로 했다. 카페에서는 매일매일 작가들이 탄생하며 책이 출간한다는 소식이 줄을 이어 올라왔다. 이것은 사람을 꾀기 위한 어떤 쇼가 아니었다. 실제로 일어나고 있는 그대로 올라오는 글이었다. 신입 작가들의 놀라움을 금치 못하는 감회를 하나도 놓치지 않고 읽어 나가면서 나의 미래를 의심치 않고 열어 보기로 결심하였다. 결국 나는 실행했고, 단 3개월만에 책을 쓰고 작가로 데뷔했다.

우리는 살면서 여러 경험을 하고 시련을 만나고 선택해야 하는 순간과 맞딱뜨린다. 하나의 단점만 보고 미리 겁을 먹거나 부정적인 생각에 압도되어 판단이 흐려질 때가 있다. 그럴 때일수록 천천히 깊이 있게 생각할 필요가 있다. 여러 방면으로 다양하게 생각해야 한다. 획일적인 생각만으로 미리 자신의 미래를 단정 지어서는 안 된다. 무엇보다도 긍정적인 생각을 갖자. '된다'는 가능성을 가지고 다양하고 깊이 있게 생각하자.

05   느린 것이 아니라 포기하는 것이 문제다

현대인의 식생활 변화 때문인지 무엇 때문인지는 모르겠으나 요즘 아이들은 포기가 빠르다. 조금만 어려우면 포기해 버린다. 인내하거나 끝까지 싸워 볼 생각을 안 한다. 해 보나 마나 라고 단정 지어 버린다. 자신을 신뢰하지 못한다. 내가 맡고 있는 아이들 대부분도 그렇다. 학습뿐만 아니라 교구로 놀이 게임을 할 때도 한 번 지면 그냥 포기한다. 두 번 세 번 해서 이겨 보려고 하질 않는다. 학습 코치를 받는 아이들 중 많은 아이에게서 이런 현상을 보게 된다. 어려운 공부가 아닌 재미있는 활동에서도 의욕적이지 않고 쉽게 포기하는 것을 보고 안타까움을 느낀다.

포기하는 태도는 학생뿐 아니라 성인도 마찬가지다. 조금만 벽에 부딪히면 주저앉는다. 마치 포기할 핑곗거리가 필요했던 사람처럼 말이다. 나는 친구들과의 경험에서 이 부분을 많이 느꼈다. 한국방송통신대학에 입학하려고 마음 먹었을 때 나는 친구들 몇 명과 같이 도전했다. 물론 모두 외국어 과목을 선택했다. 나는 영어, 친구 두 명은 중국어. 외국어는 항상 만만치 않다. 그런데 1년쯤 지나고는 두 친구가 공부를 중단했다. 중단할 말한 이유가 분명 있었을 것이다.

잠시 위축은 되었지만 나는 공부하는 데 동요되지 않았다. 나는 꼭 해야만 하는 이유가 있었기 때문이다. 같은 학과 신입생들 모임이 있었다. 한 지역에서만 30여 명이 있었는데 1년이 지나니 50%가 떨어져 나갔다. 중도 하차를 한 것이다. 2년이 지나니 거기서 또 50%가 떨어져 나갔다. 3학년쯤에는 열 명도 채 남지 않았다. 함께 졸업한 친구는 5명 정도였다.

모두가 처음에는 대단한 각오로 출발했다. 그러나 어떤 문제에 부딪히면 공부는 뒷전으로 밀리게 된다. 공부가 그렇게 절실하지 않았던 것이다. 핑곗거리가 있으면 기다렸다는 듯이 포기한다. 물론 진짜 여의치 않아서, 혹은 어쩔 수 없이 그만두는 사람도 있다. 예외는 있는 법이니까.

자격증 공부를 할 때 일어난 일이다. 공부하던 중에 만난 선생님인데, 새로운 과목을 더 수강하기로 약속을 했다. 즐거운 마음으로 다음을 준비하는데 갑자기 포기한다고 했다. 이유는 남편이 반대하기 때문이란다. 참 안타까웠다. 공부에 대한 욕심도 있고 발전할 가능성이 다분히 보여서 함께 공부할 상대로 좋았는데, 남편의 반대 때문에 중도 하차한다는 게 나로선 여간 서운한 게 아니었다. 의외로 아내가 공부하는 것을 반대하는 남편들이 많다. 반대하는 이유가 뭘까? 참 의문이다. 아내의 발전을 위해 옆에서 도와주어야 하는 게 남편 아닐까? 사실 내 친구들의 남편도 대부분 반대한다. "가정주부가 애들이나 잘 키우면 됐지 공부는 무슨 공부냐, 집에서 살림이나 잘하고 남편 뒷바라지나 잘하면 되는 거지 뭘 욕심내느냐."라고 반대한 것이다. 거기에다 "돈은 내가 벌어다 주는데 나가서 벌어 봐야 얼마를 버느냐."라고 하기도 한다. 여자들이 듣기에 자존심 상하고, 사기를 팍팍 꺾는 독설을 내뱉는 것이다.

이런 말을 하는 남편들의 내면은 다른 소리를 하고 있는지도 모른다. 아내가 공부를 하면 남편인 자신을 무시할까 봐 염려 되는 것이다. 자신보다 아내가 똑똑해지는 게 용납이 안 되는 것이다. 자신보다 아내의 학벌이 높아지는 게 싫은 것이다. 아내가 능력이 생겨서 자신을 버릴까 봐 걱정이 되는 것이다. 아내가 공부를 하면 세상에 눈을 떠서 자신을 무시하고 집안을 안 돌볼 거라고 생각하는 것이다. 열등의식으로 가득한 남자들이 아내가 공부하는 것을 막는다. 아내를 사랑하고 능력 있고 자신감 넘치는 남편은 아내가 공부하는 것을 적극 밀어준다. 공부하는 것을 지원해 주고 응원해 준다. 집에서 살림만 하면서 뒤처지는 것을 오히려 염려한다.

나는 주변의 남편들이 내뱉는 부정적인 소리를 들을 때마다 내 남편에게 고마움을 느낀다. 내 남편은 공부한다는 것에 대해선 언제든 환영이다. 감정적으로 물질적으로 모든 걸 지원해 준다. 남편은 고등학교만 졸업했지만 나는 대학원을 나왔다. 여느 남편들 같으면 그야말로 자존심 상해할 수도 있다. 하지만 내 남편은 너무나 자랑스러워한다. 항상 공부하고 뒤처지지 않고, 세상에 밝은 눈을 갖고 있는 것에 대해서 자랑스러워한다. 내가 공부하고 싶어 하는 것에 대해서 얼핏 이야기하면 미리 컴퓨터로 검색해서 알려 준다. 내가 모르는 풍부한 정보를 제시해 준다. 20년이나 공부했는데 여전하다. "이제 그만 좀 공부하지?"라고 말할 법도 한데 전혀 그렇지 않다. 적극 지원하는 것은 물론이고 하나하나 결과가 나올 때마다 함께 기뻐해 준다. 적어도 남편이라면 이래야 되지 않을까?

살다 보면 포기해야 할 일이 은근히 많이 생긴다. 몸이 아파서 포기하고 갑자기 급한 일이 생겨서 포기하고 아이가 아파서 포기하고 남편이 말려서 포기하고 돈이 없어서 포기한다. 사실 포기는 핑곗거리를 찾으면 얼마든지 할 수 있다. 근데 왜 포기할 생각을 할까? 하고자 하는 마음이 생겼다면 끝까지 밀고 가야 하는 게 정석 아닐까? 포기하려면 아예 시도하지 않는 편이 낫다. 대부분 자신이 없어서 포기하는 것이다. 내가 끝까지 해낼 자신, 내가 그 분야에서 성공할 자신이 없는 것이다. 성취감을 경험해 보지 못한 경우이다. 뚜렷한 목표가 없기 때문에 포기한다. 그것을 왜 해야 하는 지 목표가 없다면 쉽게 포기할 수밖에 없다. 꿈이 없을 때 쉽게 포기한다. 용기와 끈기가 없을 때 포기한다. 결국 포기라는 단어는 부정적 요소들로 가득 차 있다.

또 다른 친구는 "자격증 따서 뭐하느냐, 언제 따서 취직하느냐?"라며 부정적으로 합리화하기 시작했다. "자격증을 따도 취직을 못하는 경우가 태반이라더라." "민간 자격증은 진짜 자격증도 아니라더라." "자격증을 따 봐야 장롱 속에서 잠잔 다더라." 그야말로 꿈을 죽이는 혀로 변해 버렸다. 자격증을 따면 바로 취직하는 줄로 안다. 물론 능력이 된다면 바로 취직할 수도 있다. 공부하면서 취직할 때까지의 시간을 못 기다리는 것이다. 그러면서 이유를 만들어 포기한다. 아예 기회조차 가져 보지 못하는 것이다. 포기하는 본인의 마음도 결코 좋진 않을 것이다. 분명 마음 한구석에서는 해보고 싶은 마음이 미련을 두고 있을 것이다.

나는 부정적인 말과 행동을 싫어한다. 친구들 중에도 부정적인 사람은 서서히 멀리한다. 긍정적으로 밝게 행복하게 적극적으로 살기에도 짧은 인생이 아닌가. 부정적으로 사람의 기운을 빼앗고 힘이 빠지게 하는 사람은 삶에 전혀 도움이 안 된다. 그런 사람의 주위에 있으면 좋았던 것도 나쁘게 보이고, 해야 할 것도 안 하고 싶고, 도전하려고 했던 것도 포기하고 만다. 주변에 있는 꿈을 죽이는 사람을 조심하자. 포기는 주변의 영향도 크다. 내 의지대로 내가 계획했던 대로 밀고 나가자. 내가 선택한 일에 책임을 지자. 칼을 뽑았다면 무라도 자르자.

주변 환경 때문에 포기하는 여자들이여! 나는 제안하고 싶다. 세상에는 순탄한 길이 없다. 길을 걷다가 돌부리에 발을 걸어 넘어지기도 한다. 수영을 하다가도 숨을 잘못 쉬어 물을 먹을 때도 있다. 밥을 먹다가도 밥알 하나가 다른 곳으로 넘어가 곤혹을 치를 때가 있다. 모든 곳에는 걸림돌이 잠복해 있다. 절대 순탄하지 않다. 그것을 이겨 내는 것이 능력이고 넘어야 할 산이다. 가장 가까운 곳에서 오는 반대와 싸워 이기자. 내 인생의 돌부리는 발로 뺑차 버리자. 내 인생에 포기는 없다고 선언해 보자.

06 한 번이라도 괜찮다,
한계를 극복하라

우리는 공부를 한다. 학생으로서, 어른으로서 각자 나름의 목적과 이유를 갖고 공부를 한다. 공부는 누구나 잘하고 싶어 한다. 하지만 현실에서는 정작 공부만큼 머리 아프고 힘든 게 없다. 학교 현장에서 늘 경험하지만 좋아서 공부하는 아이들은 별로 없다. 대부분이 억지로 한다. 하라고 하니까 한다. 해야 하니까 한다. 그런데 어차피 공부해야 한다면, 이왕 하는 공부 제대로 하고 싶지 않은가?

한번 자문해 보자. 나는 한계를 극복할 정도로 엄청난 노력을 기울여 본 적이 있는가? 이 질문에서 자신 있게 대답하는 사람은 드물 것이다. 그만큼 절실하지 않기 때문이다. 절실함은 자신의 약점도 극복하게 한다. 성공한 사람 중에 한계를 극복한 대표적인 인물이 있다. 피겨스케이팅 선수 김연아다. 간절히 꿈을 이루고 싶던 김연아는 이렇게 말한다.

"난 훈련을 하다 보면 늘 한계가 온다.

어느 땐 근육이 터져 버릴 것 같고,

어느 땐 숨이 목 끝까지 차오르며

어느 땐 주저앉고 싶은 순간이 다가온다.

이런 순간이 오면 가슴속에서 무엇인가 말을 걸어온다.

이만 하면 됐어, 충분해, 다음에 하자…….

이런 유혹에 포기하고 싶을 때가 있다.

하지만 이때 포기하면 안 한 것과 다를 게 없다.

99도까지 온도를 열심히 올려 놓아도

1도를 올리지 못하면

물은 끓지 않는다.

물을 끓이는 마지막 1도,

포기하고 싶은 그 마지막 1도를 참아야만 한다.

이 순간을 넘어야 다음 문이 열린다."

이 글을 보면 김연아 선수가 얼마나 무섭게 연습하고 싸웠는지 상상이 간다. 잔에 물을 부을 때를 한번 떠올려 보자. 잔에 물을 가득, 즉 컵 끝에 물이 닿을 때까지 부었다. 그러나 가득 찼다고 해서 아니 약간 부풀어 있는 순간인데도 금세 넘치지 않는다. 그 이유는 물의 표면 장력이 서로 붙잡아 주기 때문이다. 하지만 단 한 방울의 물이 더해지면 그 순간에 물은 흘러 넘친다. 마지막에 더해진 그 한 방울만 넘치는 것이 아니다. 잔의 다소 낮은 위치에 있는 물마저 흘러넘친다. 물이 넘치기 직전의 순간을 '임계점'이라고 한다. 이런 아슬아슬한 경계를 무너뜨리는 것은 결코 많은 물이 아니라 물 한 방울이다. 성공의 문턱까지 다다라서 포기하는 경우도 있다. 산에 오를 때 흔히들 겪는 일이 아닐까 싶다.

나는 등산을 하다가 포기하고 내려온 적이 몇 번 있다. 내려와서 알고 보니, 정상에 거의 도착했는데 숨이 끊어질 것처럼 힘들어서 포기하고 내려온 경우다. 눈앞에 정상의 고지가 보임에도 불구하고 심장이 터질 것 같은 고통을 견디지 못해 포기하는 경우 얼마나 안타깝던가.

숨이 멎을 것 같은 김연아 선수의 운동 연습의 강도는 상상을 초월한다. 1년 동안 9,000번 가량 점프를 한다. 그럼에도 불구하고 점프 성공률은 80%이다. 점프하다가 넘어지거나 엉덩방아를 찧는 횟수도 1년에 1,800번이나 되었다. 그 때문에 척추, 골반, 인대, 무릎과 허리, 꼬리뼈와 고관절은 온통 부상투성이다. 안 되는 점프를 성공할 때까지 계속 시도하고, 1,800번 넘어지고 1,800번 일어선 끈기로 김연아 선수는 결국 2010년 밴쿠버 올림픽에서 금메달로 세계 정상에 우뚝 서게 되었다.

사소하지만 잔잔한 우리의 일상에서 한계를 극복한 경험이 있는가? 정말 한 번이라도 있는가?

사회생활을 하면서 늦게 알게 된 친구가 있다. 이 친구는 머리가 좋다. 학창 시절 내내 전교 1등을 놓치지 않았다. 결국 서울 유명한 대학에 수석으로 입학했으나 학과를 잘못 선택하여 대학 생활을 즐겨 보지도 못하고 피나게 공부만 한 친구다. 하필 컴퓨터학과에 진학했는데, 컴퓨터엔 관심도 없고 워낙 기계에 까막눈이라 절절 매던 친구다. 첫 시험에서 꼴찌를 하고 심한 충격을 받았다. 학창 시절 내내 전교 1등만 하다가 대학에 와서 꼴지를 하니 얼마나 자존심이 상했을지 알 만하다.

성적을 받아본 뒤로 잠도 안 오고 승부욕이 발동했다. 과에서 컴퓨터를 가장 잘 하는 친구 하나를 포섭하여 온종일 컴퓨터에만 매달렸다. 가르쳐 주는 친구의 입장은 하나도 생각하지 않은 채 자신의 욕심만 채웠다. 남자 친구도 옆에서 자상하게 가르쳐 줘서 하나씩 하나씩 컴퓨터를 터득해 나갔다. 몇 개월을 그렇게 학교에서 먹고 자고 하면서 컴퓨터에만 매달렸다. 얼마나 오기를 갖고 컴퓨터와 씨름하고 지냈는지 상상이 간다. 결국 김퓨터 관련 자격증을 모조리 따고, 과 수석으로 졸업했다. 4년 동안 죽어라고 공부해서 성적을 역전시켰다.

꼴지가 1등이 되기까지 과연 편하게 공부했을까? 절대 아니다. 그야말로 독하게 공부했다. 컴퓨터를 박사급으로 잘하는 동기들을 다 물리친 것이다. 김연아 선수 못지않게 숨이 넘어갈 만큼 힘든 고비를 여러 번 느꼈을 것이다. 그야말로 한계를 극복하고 해낸 것이다.

나는 주부이기 때문에 공부할 시간이 늘 부족하였다. 아이들을 돌보면서 공부한다는 게 그리 호락호락하지 않았다. 그나마 남편이 외조를 해 주었고 아이들이 순했기 때문에 공부할 시간을 조금이라도 확보할 수 있었다. 하지만 아무리 주위에서 공부할 여건을 만들어 주고 도와준다고 해도 저절로 공부가 되는 것은 아니다. 공부는 항상 자신과의 싸움이다.

나 자신과의 싸움이 가장 냉정한 싸움이다. 집에서 편하게 공부하고 싶다가도 어떤 환경이 결국 나의 정신을 산만하게 할지 모르므로 나는 항상 도서관으로 이동했다. 밤늦은 시간까지 도서관에서 홀로 공부한다는 게 여간 외로운 일이 아니다. 도서관이 문을 닫을 때까지 마지막으로 대문을 나서는 늦게 공부를 시작한 학생으로 나는 나 자신과 피나는 싸움을 했다.

어떤 상황에서도 항상 임계점을 생각하자. 하다가 도저히 못하겠다 싶을 때 임계점을 기억하자. 공부를 하고 있는 당신도 그렇게

할 수 있다. 난 못해! 하고 포기하지 않는다면 누구에게나 가능성
은 있다. 그 가능성을 자신이 믿지 못할 뿐이다. 내 한계는 내가 만
들 뿐이다. 못한다는 자기 부정에서 벗어나자. 한 번만이라도 좋다.
우리의 한계를 극복해 보자.

07 **공부는 결국
혼자 하는 것이다**

요즘 아이들 중에는 마마보이 즉, 주체적으로 행동하지 못하고 어머니에게 의존하는 소년 소녀가 참 많다. 한 자녀 가정에서 유일한 왕자이자 공주를 오냐 오냐 하며 키웠기 때문이다. 하나부터 열까지 모두 엄마의 손으로 해결을 한다. 엄마는 내 아이만큼은 최고로 키우고 싶어 한다. 아이의 물건은 대부분 고가다. 나는 못 입어도 내 아이만큼은 잘 먹이고 잘 입히고 싶은 심리다. 당연하다. 세상에서 유일한 나의 분신인데 안 그런 게 비정상이다. 눈에 넣어도 안 아플 자식이다.

　문제는 독립시켜야 할 시기인데도 여전히 캥거루처럼 주머니에 넣고 다니듯 한다는 것이다. 학용품에서 시작하여 모든 일과를 엄마의 스케줄 아래 움직인다. 아이는 자기 의지로 움직이는 게 하나도 없다. 심지어 "엄마, 저 화장실에 가도 돼요?"라며 생리적인 것까지 엄마의 의사를 물어보고 행동한다. 아이가 스스로 공부해 줬으면 할 때도 아이는 여전히 엄마에게 의지한다. 학원도 엄마가 선택하고 과외 선생님도 엄마가 선택한다. 여기까지만 엄마가 개입해야 한다. 허나 실상은 그렇지 않다. 성적에 따라서, 성격에 따라서, 상황에 따라서, 수준에 따라서 선생님과 학원을 엄마가 쥐락펴락한다. 그렇게 할수록 아이는 공부는 엄마가 하는 걸로 착각한다.

　내 아이의 공부를 어떻게 독립시켜야 할까? 동아리를 함께했던 지인이 있다. 예쁜 딸아이 하나만을 낳아 키우고 있다. 부부는 아이가 원하는 것은 아낌없이 모두 해 준다. 안 보내는 학원이 없을 정도로 아이는 교육의 혜택을 충분히 받고 있다. 정말 복 받은 아이임에 틀림없다. 문제는 아이가 혼자 공부하는 능력을 키우지 못했다는 것이다. 학원을 끊으면 바로 후유증이 나타났다. 그러다 보니 엄마는 더 학원에 의지했다. 중·고등학교까지 의존적인 공부는 계속되었다. 참으로 안타까웠다. 일찍부터 아이에게 맞는 공부, 스스로 하는 학습 방법을 찾아 줬다면 경제적 시원을 조금이나마 덜 하지 않았을까?

지인은 아이를 늦게 낳았기 때문에 나이가 조금 지긋했다. 늦은 나이지만 아이 뒷바라지를 스스로 하겠다고 수학 과외를 했는데 보통 밤11시까지 수업을 했다. 10년 넘게 과외를 하니 나이가 육체적으로 스며들어 무척 힘들어 했다. 저녁에는 일찍 쉬고 싶은 게 주부의 심리다. 밤늦게까지 긴장된 시간을 보내야 하니 얼마나 힘들었을까. 오랜만에 만나면 나이가 들어서 좀 쉬고 싶은데 아이한테 들어가는 돈이 너무 많아서 일을 그만둘 수가 없다고 하소연한다. 딸아이의 교육비가 다른 집 아이들의 5배는 들어갔다.

부모의 욕심이다. 아이에 대한 기대치가 너무 높다. 최근에는 아이를 외국으로 유학을 보냈다. 아직 몇 년은 부모가 더 고생해야 한다는 의미다.

공부에 왕도는 없다고 했다. 쉽게 공부 잘하는 비법 같은 것은 없다. 누구나 피나는 노력을 한다. 공부를 잘하는 방법은 사람마다 조금씩 다르다. 각자의 공부 환경이 다르다. 자라온 환경, 공부 환경, 지금까지 다녔던 학교, 그동안 거쳤던 선생님, 나에게 영향을 준 그 어떤 분, 이렇듯 모든 환경이 다르기 때문에 자기에게 맞는 공부 방법을 찾아야만 한다. 혼자서 자기만의 방식으로 공부한 자기 주도 학습 성공 사례를 소개하겠다.

"부모님은 옛날 분이라 글을 읽을 줄 몰랐고 집안이 가난해 늘 장사를 다녔다. 그런 이유로 공부하라는 압박은 전혀 받지 않고 자유롭게 성장했다. 성적은 그냥저냥 중간이었다. 그것으로 만족하며 살았다. 초등학생 때 우연히 친구를 기다리느라 학교 도서관에 들어갔다가 책이라는 것을 읽게 되었는데 의외로 그 재미에 푹 빠졌다. 하루도 거르지 않고 책을 빌려다 보았고 점차 중독되어 수업 시간, 쉬는 시간 가리지 않고 틈나는 대로 책을 읽어 댔다. 학교 도서관에 있는 책 수백 권을 모조리 읽었다. 심지어 친구 집에 있는 전집까지 모조리 읽었다. 책을 읽기 위해서 친구 집을 매일 드나들다시피 했는데 그 전집은 거의 닳아서 헤어져 버릴 정도였다. 책을 거의 천 권 가까이 읽다 보니 속독을 스스로 깨우쳤다. 두꺼운 양장본, 연구 논문 그 어떤 책도 1시간 안에 뚝딱 읽어 버릴 정도였다.

중학교에 올라가서 시험을 보았는데 중간 성적이 나왔다. 초등학교 때와는 다르게 시험 기간에 시험공부를 해야 한다는 것을 알게 되었다. 아이들은 쉬는 시간에 놀지도 않고 눈에 불을 켜고 공부하고 있었다. 도서관에 가서 시험공부를 한다는 말에 충격을 받기도 했다. 시험은 원래 공부해서 치르는 것이라는 사실을 깨닫고 그때부터 시험공부라는 것을 하기 시작했다. 공부를 하고 시험을 보니 중간이었던 성적이 평균 90점대로 껑충 뛰었다. 고등학교 때 처음으로 수능 시험 모의고사를 보았는데, 지문이 많은 것에 놀랐다. 보통 친구들은 긴 지문 때문에 시간이 모자라서 미처 다 보지 못했다는 말을 들었다. 그러나 나는 속독, 다독을 해 왔기 때문에 거뜬히 모든 문제를 풀 수 있었다. 전교 1등을 했다. 그렇게 성적을 유지하면서 서울대에 당당히 붙었다.”

이 친구는 어려운 가정 형편 때문에 학원이라는 것은 꿈도 못 꿨고 피아노를 잠깐 배운 게 다였다. 고등학교 공부를 하면서 절실히 깨달은 것은 독서의 중요성이었다. 매번 시험을 볼 때마다 독서의 위력을 느꼈다고 했다. 다독의 필요성, 시험 볼 때 공부를 안 한 문제가 나와도 상식으로 맞춘 경우가 있고, 속독을 하다 보니 수능 영어의 어떤 지문도 놓치지 않고 다 소화할 수 있었다. 영어는 국어 능력과 동일한 부분이 많다. 모든 영어 지문을 다 번역해서 읽는 것이 아니라 빠르게 요지를 파악하고 필요한 정보를 정확하게 추출해 내는 것이 시간을 버는 핵심이다.

부모님은 바빴고 다행히 자기만의 공부 방법을 터득했기에 학교 공부를 수월하게 해낼 수 있었다. 책 수백 권을 읽으면서 그것이 공부라고 생각했으면 그렇게 하지 못했을 것이다. 독서에 스스로 재미를 붙였고 그 독서가 공부에 지대한 영향을 미쳤다. 요즘 학생들 대부분은 책을 읽을 시간이 없다. 책이 주변에 즐비하게 널려 있지만 책장을 펼칠 마음이 없다. 온통 게임에 마음이 가 있고, 스마트폰에 중독이 되어 책이라는 것을 가까이 할 여유가 없다. 참으로 안타깝다. 어쩌다가 혼자 독서를 하고 공부를 해야 겠다고 마음을 먹어도 조급한 마음에 부모는 아이를 학원으로 내몬다. 잠시도 생각할 여유를 안 준다. 이 학원에서 저 학원으로 온종일 뺑뺑이를 돌린다. 독서할 여유조차 주지를 않는다. 학원이나 과외가 빡빡하게 스케줄로 잡혀 있기 때문이다. 사교육을 전전하며 제대로 된 점수를 받지 못하는 친구들과, 아이들을 사교육 시장에 내모는 엄마들에게 꼭 말하고 싶다. 공부는 결국 스스로 하는 것이라고.

PART 3

저절로 공부하게 만드는 공부 습관의 힘

사소한 공부 습관이 공부의 신을 만든다.
적어도 인간이라면 나날이 발전해야 한다.
발전하는 원동력이 바로 좋은 습관이다.

01   사소한 공부 습관이 공부의 신을 만든다

'작은 습관이 모여 그 사람을 만든다.' 살아가면서 수없이 듣는 이 말은 습관의 중요성을 말한다. 유익한 습관이 있고 나쁜 습관이 있다. 유익한 습관은 나를 만들지만 나쁜 습관은 나를 헤친다. 나쁜 습관은 사람을 점점 쇠퇴하게 만든다. 적어도 인간이라면 나날이 발전해야 한다. 발전하는 원동력이 바로 좋은 습관이다.

공부를 잘하는 학생, 소위 공부의 신은 학생들의 우상이다. 학생에게 공부는 필수다. 공부만 잘하면 어디에서는 거의 부사통과인 한국의 문화 탓도 있다. 공부의 신은 어떤 습관을 갖고 있을까?

내가 아는 젊은 남자는 강의를 하기 전에 꼭 하는 습관이 있다. 마이크 앞에만 서면 꼭 손을 비빈다. 이미 오래전에 습관이 되었다고 한다. 손을 비비지 않으면 말이 떨어지지 않는다고 한다. 손을 비비고 청중을 한 번 둘러봐야 마음이 차분히 가라앉는다고 한다. 그 뒤로는 강연이 일사천리다. 그 친구는 언변력이 아주 뛰어나다. 능구렁이라는 별명이 붙을 정도로 기가 막히게 강의를 잘한다. 너스레도 떨고 농담도 할 정도로 연단에서 여유만만하다.

강연을 잘하기 위해 그 사람만이 하는 습관이 있다. 우리도 분명 어떤 부분에서 고정적으로 하는 습관이 있을 것이다 공부의 신에게는 어떤 습관이 있을까? 위에서 언급한 것과는 성격이 조금 다른 습관이지만 공부를 잘하기 위한 습관이 몇 가지있다. 그 습관에 관해 알아보자.

공부의 신을 만드는 3가지 요소가 있다. 동기, 의지력, 습관이며 이들에게는 이것 말고도 사소한 공부 습관이 있다. 공부의 신이 지니는 사소한 습관은 무엇일까? 우선 공부의 신은 할 일 중에서 우선순위를 찾아 정리한다. 생활에서 우선순위가 정해져 있지 않으면 중요한 일보다 재미있는 일에 끌리게 된다. 우리 주위에는 재미있는 일이 너무나 많다. TV 프로그램, 만화책, 영화, 축구, 스마트폰 등은 상상을 초월할 정도로 재미있다. 특히 스마트폰은 거의 악마의 유혹 수준이다.

스마트폰에서 하는 게임은 중독성이 강하다. 문자를 열어 보면 게임을 안 할 것 같은 사람한테서 게임 문자가 날아온다. 그걸 보면서 나는 화들짝 놀라곤 한다. 게임은 청소년의 놀이라고 생각했는데 의외로 많은 성인이 게임을 하고 있다. 잠깐 동안 무료할 때 스마트폰 게임을 하는 것일 테지만, 하다 보면 점수에 집착하게 된다. 게임을 안 하는 사람은 그 세계를 모른다. 공부할 시간을 나도 모르게 스마트폰 게임에 빼앗기는 것이다. 그런 까닭에 우선순위를 정해 놓지 않으면 재미있는 것에 쉽게 시간을 빼앗겨 버린다.

공부의 신은 책상을 깨끗하게 정리해 놓는다. 정리 정돈이 잘되어 있다. 남자든 여자든 불문하고 말이다. 흔히 공부를 늘 하는 학생의 책상은 지저분할 것이라고 생각한다. 그러나 의외로 아니다. 오히려 공부를 하지 않는 사람의 책상이 더 지저분하다. 공부를 하지 않기 때문에 책상에 물건을 올려놓고 또 올려놓고 계속 쌓아만 간다. 책상에 앉아서 공부할 일이 없으니, 지저분해도 그냥 눈을 질끈 감아 버린다. 결국 지저분할 수밖에 없다. 그러나 공부하는 사람은 늘 그 책상에 앉아서 공부를 해야 하기 때문에 즉시 치운다. 치워야만 공부할 수 있기 때문이다. 책상을 깨끗이 정리하는 습관을 가져 보자. 그것이 공부의 신이 되는 첫 관문이다.

공부를 잘하는 친구는 노트 필기를 잘한다. 노트 필기는 늘 강조해도 부족함이 없다. 요즘은 초등학교 때부터 노드 필기가 없어지는 추세다. 그 때문에 고등학교에 올라가서도 노트 필기하기를 어려워한다. 노트 필기는 공부를 잘하는 사람의 영역으로 여긴다. 꼼꼼하고 노련하게 핵심을 잘 정리하는 노트 필기는 쉽지 않다. 노트 필기는 공부의 신만이 하는 특별한 비법이다. 깔끔하게 자기만의 노트에 옮겨 적을 때는 펜을 여러 색으로 사용한다. 꼭 외워야 하는 중요한 것은 빨간색 펜, 잘 안 외어지거나 자주 틀리는 문제, 더 연구해야 할 부분은 파란색 펜, 나머지는 검정색 펜을 이용하면 노트를 봤을 때 한눈에 쏙쏙 들어온다. 노트 필기는 공부의 신이 하는 것 중에 빼놓을 수 없는 습관이다. 정리해 보자.

첫째, 공부를 잘하거나 특정 분야에서 성공한 사람의 공통점은 보이지 않는 것을 눈에 보이는 것처럼 구체화하는 능력이 뛰어나다.

둘째, 노트 정리는 머릿속에 있는 생각과 지식을 눈으로 볼 수 있도록 구체화하는 일이다.

셋째, 노트 정리를 할 때 필요한 3가지는 손, 눈, 생각하는 머리다.

넷째, 노트 정리를 할 때는 내용 연상을 위해 교사의 잡담도 써 놓는다.

다섯째, 그림, 표, 그래프 등을 적극 활용한다. 직접 그려도 좋고 복사하거나 오려 붙여도 좋다.

여섯째, 참고서의 중요 내용, 프린트 물도 교과서에 붙인다.

일곱째, 입체적으로 필기한다. 3색 사용(검정은 필기, 빨강은 강

여덟째, 선생님의 수업 방식에 따라 노트 필기 전략을 달리 한다.
아홉째, 노트의 줄을 적당히 띄운다. 포스트잇 사용을 한다.
열째, 노트 필기를 할 때 나만의 언어로 재구성해서 쓴다.

공부의 신은 수업 시간을 온전히 이용한다. 다른 어느 때 보다도 수업 시간에 몰입한다. 예습 중 자기가 미처 발견하지 못한 부분, 혹은 해결하지 못한 부분은 수업 중에 완전히 파악한다. 수업 시간은 잠시도 딴 생각을 할 겨를이 없다. 가장 눈이 반짝반짝 빛나는 순간이다. 핵심을 적는 노트 필기도 수업 중에 이루어져야 한다. 수업 중 공부의 신의 집중력은 최고치다. 요즘 학교에 가면 공부를 소홀히 하는 친구들 대부분은 수업 중에 엎드려 있다. 밤에 잠을 안 잤는지 수업 중에 숙면을 취하고 있다. 깨워도 또 다시 엎드리기 다반사다. 어떤 친구는 수업이 지루해서 엎드린단다. 이유는 여러 가지지만 수업의 중요성을 못 느끼는 게 아쉽기만 하다. 선생님은 잘 때마다 깨우는 것에도 지쳤다. 이젠 포기하고 수업에 집중하는 친구들 위주로 수업을 진행한다. 참으로 안타까운 사실이다. 공부의 신들에게 있어 수업 중 몰입은 당연한 습관이다. 수업 시간을 허투로 보낸다는 것은 있을 수 없는 일이다.

공부를 잘하는 친구들은 독서를 습관처럼 하고 있다. 책상 위에는 교과서뿐만 아니라 소설책, 위인전 등 책 10여 권이 쌓여 있다. 공부를 하다가 머리가 꽉 막히는 느낌이 든다거나 잠깐 휴식을 취할 때 독서를 한다. 일반 친구들처럼 게임으로 휴식을 취하지 않는다. 게임은 금방 멈출 수 없다. 중단하기가 어렵다. 그런 까닭에 공부의 신에게는 책이 안성맞춤이다. 공부의 신은 잠깐의 휴식 시간도 전시 중의 군인이 대기하는 것처럼 언제든 공부의 분위기로 돌아갈 수 있도록 환경을 크게 변화시키지 않는다.

02 ___ 하루 10분, 몰입력을 높이는 독서를 하라

요즘은 아이들이 교실에 앉아서 책을 읽는 모습을 찾아보기 어렵다. 책 대신 스마트폰에 열중하고 있다. 시대의 흐름이 참 무섭긴 하다. 스마트폰이 존재하지 않을 때에는 책으로 된 읽기 문화였다. 요즘 아이들에게 독서가 그렇게 중요하다고 강조하고 또 강조해도 단지 흘려들을 뿐이다. 안타깝다는 생각이 든다.

고등학교 때 나는 친구의 영향을 많이 받았다. 내 친구는 독서광이었다. 성격도 밝았지만 책 읽는 습관이 타의 모범이 되었다. 쉬는 시간에도 항상 책을 읽느라고 자리를 지키고 앉아 있었다.

성격이 굉장히 쾌활한 친구였는데 보통 그 정도로 밝으면 쉬는 시간이면 친구들과 수다 떨기에 바쁘다. 그래서 책 읽을 시간이 없다. 그런데 이 친구는 안 그랬다. 거의 시간 대부분을 앉아서 책만 읽어 댔다.

나는 이 친구와 정말 친했기 때문에 책과 가까워질 수 있었다. 친구가 읽고 좋았던 책을 나에게도 읽어 보라고 추천해 주었다. 그러면 나는 친구 다음으로 그 책을 읽곤 하였다. 나는 음악 듣기를 아주 좋아했다. 클래식, 경음악, 가곡, 팝, 팝페라 등 음악을 들으면 그렇게 행복할 수 없었다. 친구는 나에게 음악을 추천받았고 나는 친구에게 책을 추천받았다. 나와 친구는 좋은 관계를 유지하면서 서로의 집을 오고 가며 마음을 나눴다.

결혼 이후 가끔 이 친구가 떠올랐다. 찾아보려고 수소문해 보았지만 내겐 한계가 있어서 찾기를 그만두었다. 그러다가 고향으로 이사를 하면서 우연한 기회에 그 친구를 다시 만나게 되었다. 독서를 함께한 친구는 책의 스토리만큼 잊혀지지 않는다. 청소년들이 친구와 함께 독서를 한다면 즐거움이 배가 될 것이다. 그 친구는 나와 평생 갈 것이나. 감성과 문학을 함께 교류한 친구는 가슴속 저 밑바닥까지 꾸욱 저장된다. 독서를 좋아하는 좋은 친구들과 어울려 보자.

나는 어릴 적에 책을 깊이 있게 읽는 큰아버지와 사촌 언니들 속에 묻혀 살았다. 담장을 사이로 있는 큰집에는 사촌 언니들이 셋이나 있었다. 그중 둘째 언니, 셋째 언니와 주로 어울렸는데, 유독 둘째 언니는 광적으로 책을 읽어 댔다. 바쁜 시골 생활 속에서도 틈틈이 책 읽기를 놓치지 않았다. 큰어머니, 큰아버지는 온종일 논과 밭에서 농사를 지었기 때문에 둘째 언니가 집안 살림을 도맡아 했다. 둘째 언니는 청소, 빨래, 부엌일을 온종일 해야만 했다. 깊은 산속 마을이었기 때문에 상수도 시설이 없었다. 펌프질을 해서 물을 끌어 올려야만 물을 쓸 수 있었다. 빨래도 손빨래였다. 가전제품이라곤 찾아볼 수 없는 깊은 시골 지역이었다. 식사 준비와 난방은 아궁이에 불을 지펴서 했다. 그런 일을 모두 둘째 언니가 했다. 시골의 모든 일은 바쁘게 해야만 한다. 그런 까닭에 책을 읽는 다는 것은 상상하기도 힘들다. 부지런하지 않으면, 독서광이 아니면 이런 환경에서 책을 읽기가 쉽지 않다. 언니가 책을 읽은 방법은 하루 10분 몰입 독서법이었다. 잠깐 시간이 날 때마다 몰입해서 책을 읽었던 것이다. 둘째 언니는 아무 곳에서나 닥치는 대로 책을 읽었다. 불을 때며 밥을 뜸들이면서 잠시 부뚜막에 앉아서, 혹은 문지방에 앉아서 읽었다. 언니의 책 읽는 모습은 자연히 나에게 본이 되었다. 사촌 언니는 독서 습관을 큰아버지에게서 물려받았다. 큰아버지는 농사일을 빼면 모든 시간을 책 읽는 데 소비하였다. 옛날에는 책을 소리 내서 읽는 게 흔했는지 목소리에 리듬을 섞어 책을 읽었다. 밖에서 놀다 보면 항상 큰아버지가 책 읽는 소리를 들어야 했다.

책을 읽는다는 것은 큰 즐거움이었고, 당연히 책은 읽어야 하는 것이었다. 책 읽는 본을 큰아버지, 사촌 언니에게만 받은 것은 아니었다. 나의 둘째 오빠도 독서광이었다. 항상 동생들 뒷바라지에 바빴던 오빠의 손에도 책은 항상 들려 있었다. 책을 읽고 동생들에게 앞으로 어떻게 살아야 할지 매번 코치를 해 주었다. 남들보다 어려운 가정 살림을 우리는 어떻게 헤쳐 나가야 하는지, 좌절하지 않고 하늘로 비상해야 하는 정신력을 둘째 오빠는 늘 일깨워 줬다. 오빠의 방에는 항상 책과 일기장이 놓여 있었다. 책을 읽고 간단하게 자신만의 생각을 정리하였던 것이다. 그 습관은 지금까지도 이어지고 있다. 평생 일기를 쓴다는 것이 결코 쉽지 않은 일인데 오빠는 그렇게 살고 있다. 일기 쓰기의 힘도 독서에서 시작되지 않았나 싶다.

책을 읽는다는 것은 어쩌면 자신과의 싸움이다. 힘들여 읽지 않고 정신을 자유롭게 방황시키는 것은 어쩌면 인간 본연의 자연스러운 습성인지도 모른다. 그래서 책 읽는 것을 힘들어 하는 사람들이 그렇게 많은 것이다. 그것이 아니라면 누구랄 것도 없이 모두가 책 읽기를 즐겨야만 한다. 그만큼 책은 자신과의 싸움이고 정신을 자극시키고 개조하는 데 한 몫을 한다.

성인이 되어 친해진 친구가 있다. 이 친구한테 '걸어 다니는 백과사전'이라는 별명을 지어 주었다. 친구도 시간만 나면 책을 읽는다. 읽는 장르도 다양하다. 한때 친구의 독서력을 따라가 보려고 노력했었던 때가 있다. 그러나 곧 이런 생각이 들었다. '뱁새가 황새를 따라가다 다리가 찢어진다.' 내가 아무리 노력해도 이 친구의 방대한 독서의 세계는 결코 따라가지 못한다는 걸 깨달았다. 그만큼 독서는 어려서부터 습관이 중요하다.

친구는 수학 과외를 하면서 바쁘게 산다. 그뿐 아니라 매일 새벽 수영도 다닌다. 비가 오나 눈이 오나 하루도 빠지지 않고 계획한 일을 하고야 만다. 마라톤도 한다. 경기 일정이 잡히면 매일 뛰는 연습을 한다. 남편과 자녀도 돌본다. 살림도 한다. 자원봉사도 3일은 정기적으로 한다. 얼마나 바쁜 생활을 하는가. 그럼에도 불구하고 책을 손에서 놓지 않는다. 책이 주는 즐거움을 알기 때문이다. 바쁜 생활 속에서 어떻게 책 읽을 시간을 확보할까? 맞다. 하루 10분 몰입 독서법을 실행하는 것이다. 이미 독서가 습관이 되어 있기 때문에 굳이 순차적인 발전을 기대하지 않아도 된다. 단지 집중해서 책을 읽으면 되는 것이다.

몰입 독서가 그만큼 중요하다. 잠깐 틈 날 때 몰입해서 읽을 수 있다는 것. 그것은 자신만의 능력이다. 몰입 독서로 읽기의 세계에 푹 빠져들 수 있다. 읽기의 유희를 즐길 수 있다. 독서가들은 뭔가 다른 여유를 느낀다. 얼굴에서 그것을 느낀다. 생활의 여유처럼 정신적 여유가 풍만하다.

친구는 성인이 되어서 독서를 시작한 것이 아니다. 어려서부터 꾸준히 해 온 독서 습관이다. 학교에 다닐 때 성적도 상위권을 놓치지 않았다고 한다. 공부도 잘하고 책도 많이 읽고, 성적과 독서는 떼려야 뗄 수 없는 관계다. 학생들에게 독서를 많이 하라고 강조하는 이유가 바로 여기에 있다. 친구는 학교 다닐 때 시간이 남아서 책을 많이 읽었을까? 성인이 된 지금은 시간이 남아서 책을 읽는 걸까? 결코 그렇지 않다. 책을 읽으려는 의지다. 시간이 없기에 더욱 몰입 독서를 하는 것이다. 단 10분이라도 몰입해서 읽는 것이다. 그러다 보면 나도 모르게 30분이 되고 1시간이 된다. 점점 독서하는 시간이 늘어나는 즐거움을 알게 된다. 독서의 매력에 빠지게 된다. 한 번 시도해 보자. 하루 10분 몰입 독서를.

03   비전 선언문 작성하기

비전이란 무엇일까? 미래에 관한 구상이다. 꿈, 장래 희망이나 목표를 말한다. 꿈이 없는 삶은 죽은 삶이다. 꿈이 없으면 아무것도 할 수 없다. 어떤 일을 하기 위해서는 비전과 목표가 있어야 한다. 특히 공부는 꿈이 있어야 한다. 공부를 잘하는 학생은 목표가 뚜렷하다. '시작이 반'이라고 했다. 꿈이 있으면 공부는 50% 달성한 것이다. 공부를 하기 위해서 가장 필요한 것이 바로 꿈이다. 꿈을 꾸고 이루는 방법을 간단하게 소개하겠다.

1. 꿈은 분명하고 구체적으로 설정해야 한다.

2. 꿈 달성의 장애 요인과 대안을 사전에 생각해 둔다.

3. 꿈 달성에 필요한 정보를 확보한다.

4. 꿈 달성 여부를 평가하는 기준을 정하여 중간 평가를 한다.

5. 꿈을 적어 잘 보이는 곳에 붙여 놓는다.

6. 필요하면 계획의 일부를 수정한다.

7. 꿈을 노트에 적는다.

8. 롤모델이나 멘토를 정한다.

자기가 가진 꿈을 이루기 위해서는 비전 선언문을 꼭 작성해야 한다. 인터넷 유튜브를 조회하던 중 비전 선언문을 작성하고 선언한 초등학생의 좋은 사례가 있어 소개한다.

나는 헌법을 준수하고 국가를 보위하며
조국의 평화적 통일과 국민의 자유와 복리의 증진 및
민족문화의 창달에 노력하여 대통령으로서의 직책을
성실히 수행할 것을 국민 앞에 엄숙히 선서합니다.
2053년 2월 25일
제26대 대한민국 대통령 신기탁

유튜브에 비전 선언문을 올렸을 당시가 초등학생으로 보였다.

지금은 정확하게 몇 살이고 몇 학년인지는 모르겠으나 난 신기탁 군이 선포한 비전 선언문이 인생을 살아가면서 본인에게 크게 작용할 것이라 생각한다. 아마 2053년 즈음에 정말로 대통령이 될지도 모를 일이다. 오바마 대통령이 자기 반 교실에서 대통령이 되겠다고 선언했던 것처럼 말이다. 친구들의 놀림은 받았지만 그 선언을 한 오바마는 선언함과 동시에 가슴속 깊이 대통령이라는 꿈이 자리 잡았을 것이다. '나는 대통령이 될 거야!' 그 뒤로 오바마의 모든 의식과 세포가 대통령화 되고 있었을 것이다.

《종이 위의 기적, 쓰면 이루어진다》라는 책의 저자 헨리에트 앤 플라우저는 이런 말을 했다.

'목표를 적는 행위는 무척 과학적인 면을 지니고 있다. 목표를 종이에 기록하는 것은 두뇌의 일부분인 망상 활성화 시스템을 자극하고 뇌의 그 특별한 시스템이 당신을 도와 목표를 이루게 하기 때문이다.'

나는 이 말이 너무 좋아서 한없이 읽고 또 읽었다. 망상 활성화를 자극하고 뇌의 특별한 시스템이 나를 도와 목표를 이루게 해 준다니 얼마나 희망적인 말인가.

망상 활성화 시스템은 뇌의 정문에 있는 검문 시스템으로서, 감각기관으로 쏟아져 들어오는 수많은 정보 중 중요한 것에만 관심을 집중시키고 기억할 수 있도록 하는 관심 집중 장치다.

캐나다에 사는 짐 캐리는 영화배우가 꿈이었다. 가슴 뛰는 꿈을 안고 미국으로 건너왔으나 먹고 자는 문제에서 고생을 했다. 하루에 한 끼를 먹는데 그것조차 햄버거로 때워야 했고, 잠은 중고차에서 새우잠을 자야 했다. 꿈을 이루기 위해 지독한 고생을 참아야 했다. 그러던 1990년 어느 날 헐리우드에서 가장 높은 언덕으로 올라가 5년 뒤 스스로에게 1천만 달러를 지급하겠다는 서명을 하고는 그 수표를 지갑에 넣고 다녔다. 그것도 5년 동안을 말이다.

1995년에 '덤 앤 더머'에 출현하게 되었고 출연료로 7백만 달러를 받았다. 그 해 연말에는 '베트맨'의 출연료로 1천만 달러를 받아 자신과의 약속을 지켰다고 한다.

짐 캐리의 이야기를 알게 된 뒤로는 이루고 싶거나, 바라는 것이 있으면 바로 나의 메모장에 적어 놓았다. 나의 오래전 비전 선언문을 공개한다.

1. 내 자신에게 떳떳한 학력과 능력을 갖춘다.

2. 자신감과 자존감을 상승시킨다.

3. 내 자신을 부양할 수 있는 능력을 키운다.

4. 전국을 무대로 하는 능력 있는 강사가 된다.

5. 교육청에서 인정하는 강사가 된다.

6. 시골에 전원 주택을 짓고 평화로운 삶을 산다.

7. 나만의 별장을 갖는다.

10년이 지난 지금 돌아보면 모든 것이 다 이루어졌다. 정말 단지 마음속으로 간절히 원하는 것을 글로 적었을 뿐인데, 나도 모르게 잠재의식에서 이 꿈을 향해 부단히 노력했었나 보다. 이 꿈들이 모두 현실이 된 것을 보면 말이다. 최근에 작성한 나의 새로운 비전 선언문이다.

1. 꿈을 주는 메시지로 대중과 활발히 소통하는 명 작가이자 강연가가 된다.
2. 3개월에 한 권씩 베스트셀러를 탄생시킨다.
3. 작가와 강연가로 1인 지식 기업가 및 컨설팅으로 탄탄한 수입 파이프라인을 구축한다.
4. 코칭, 컨설팅, 강연가로 사람들에게 선한 영향력을 끼친다.
5. 성공한 1인 지식 기업가로 꿈을 이루고 롤 모델의 표본이 된다.
6. 전국 일주와 세계 일주를 통해 내적 성장을 이루고 도전하는 담력을 키운다.
7. 사람들의 꿈을 실현시켜 주고 지식 확장을 위해 한국 대표 드림진로학습코칭협회를 설립한다.
8. 끼와 재능을 한껏 발휘하여 능력 있는 대중 작가로 자리매김한다.
9. 탄탄한 수입 파이프라인 구축으로 산속에 '작가의 저택'을 짓고 작가로서 평화로운 일상을 즐기며 산다.

10. 나는 평생 저서 500여 권을 출간하고 대부분 베스트셀러로 만든다. 또한 나는 작가계의 여왕으로 산다.

지금의 비전 선언문이 다소 '허무맹랑하거나 불가능하다'고 말할 수 있다. 그러나 모두 가능한 것만 적는다면 그건 그야말로 꿈이 아니고 비전 선언문이 아니다. 비록 지금 불가능해 보이더라도 내가 간절히 원하는 것이고 목표이고 희망이라면 그것을 선언하는 것이다. 그 이후엔 내 몸이, 내 의지가 알아서 작동한다. 무엇보다도 나의 뇌가 비전 선언문을 실현하기 위해 창조하기 시작한다. 나는 그 지시에 따라 움직이면 된다. 앞으로 몇 년 뒤에는 또다시 놀랄 것이다. 이 모든 것이 현실이 되어 있는 것을 보고 말이다.

04   공부 목표
설정하기

"목적 없는 공부는 기억에 해가 될 뿐이며, 머릿속에 들어온 어떤 것도 간직하지 못한다." 레오나르도 다빈치는 이런 명언을 남겼다. 공부한 내용을 머릿속에 남기기 위해서는 목적을 갖고 공부를 해야 한다는 말이다. 목적 없는 공부는 결국 본인에게 아무런 도움이 되지 않는다. 앉아 있는 시간이 고통스럽기만 할 것이다.

공부 목표는 사람마다 다르다. 반에서 1등을 하겠다는 목표를 세울 수도 있고, 기말고사에서 95점으로 점수를 올리겠다는 목표를 세울 수도 있다. 또 누군가는 반에서 40등을 했지만 20등으로 등수를 올리는 것, 수학 점수를 10점 올리는 것, 영어 본문 1페이지를 암기하는 것 등 공부 목표는 다양하다.

목표를 세우기 위해서 고려해야 할 사항이 있다. 그것은 목표 설정 이론인데 목표를 달성하려는 의도가 동기의 근원이 된다는 이론이다. 의식적으로 얻으려고 설정한 목표는 동기와 행동에 지대한 영향을 미친다는 것이다. 의식적인 생각은 우리의 행동을 조절한다. 그런 이유 때문에 목표를 설정하는 것은 동기와 수행 모두에서 효과적이다. 목표 설정의 4가지 조건은 이러하다.

첫째, 특정한 결과를 성취할 수 있도록 구체적으로 정해야 한다. 애매하거나 추상적인 목표보다는 명확하고 구체적인 목표를 제시할 때 효과가 높다. 예를 들어 '한 달 동안 열심히 공부하겠다.' 혹은 '학점을 잘 받겠다.'는 목표를 설정하기보다는 '하루에 5페이지씩 공부하겠다.' 혹은 'A학점을 받겠다.'고 하는 것이 훨씬 효과적인 목표 설정이다. '나는 살을 뺄 거야.'라는 목표보다는 '나는 5Kg을 꼭 뺄 거야.' 라고 구체적으로 정해야 목표를 이룰 가능성이 높아진다.

둘째, 양과 질, 영향력이 측정 가능해야 한다. 목표 달성에 관한 선호도가 높을수록 높은 수준으로 동기 부여가 된다. 이를테면 하루 1시간씩 수학 5문제를 풀겠다, 혹은 영어 단어 10개씩을 외우겠다는 목표를 설정하고 그것을 이뤘다면 일요일에 가장 좋아하는 영화 한편을 보겠다는 보상을 설정해 놓으면 매우 효과적일 것이다. 나는 간단한 목표 설정을 할 때마다 혼자 영화를 보겠다는 보상을 약속해 놓는다. 그때까지 영화 보기는 잠시 뒤로 미뤄 놓는다. 그렇게 하면 혼자 영화를 볼 생각에 기대감마저 든다.

셋째, 달성 가능하고 도전 가치가 있어야 한다. 어느 정도 난이도가 있으면서 달성 가능하고 도전할 만한 가치가 있어야 효과가 극대화된다. 수준이 지나치게 낮거나 목표 설정이 굳이 할 필요 없는 수준이라면 기대 효과가 별로 없을 것이다. 예를 들어 몸무게 1kg 빼기, 하루에 영어 단어 1개씩 외우기 같은 계획이라면 조금만 마음 먹으면 얼마든지 달성 가능하다. 그런 이유로 도전 가치가 매우 낮다고 볼 수 있다. 요즘 나에게는 새로 도전하는 프로그램이 있다. 100일 동안 100권 플랜 도서를 읽고 리뷰하는 것이다. 이것은 하루에 책 한 권씩을 읽어야 한다는 의미다.

평소에 책을 많이 읽지 않았던 나에게는 엄청난 목표 설정이다. 더군다나 책을 읽고 카페에 리뷰를 한다는 것은 보통 일이 아니다. 나에게는 도전 가치가 매우 큰 것이다.

책을 읽고 리뷰하는 과정에서 깨닫고 적용할 점을 정리하며 내적 성장을 이룰 것이다. 얼마나 기대가 되고 설레는지 모른다. 책 100권 읽기는 살아가면서 누구나 쉽게 도전하는 일은 아니라고 생각한다. 그렇나고 불가능한 것도 아니나. 마음먹기에 따라서 얼망하는 정도에 따라서 간절함에 따라서 충분히 실현 가능하다. 그렇기에 난 이 목표에 과감하게 도전하기로 결정했고 지금 실행 중이다.

넷째, 결과를 완성할 구체적 시간을 명시해야 한다. 나는 개인 저서 초고 원고를 쓰기 위해 구체적인 시간을 명시해서 목표 설정을 했다. 목차가 완성되는 날부터 3주 뒤까지 초고 원고를 완성하겠다고 다짐을 하고 선언했다. 약속한 그 3주가 바로 오늘이다. 오늘이 3주 목표를 달성하는 날이다. 3주를 명확하게 명시해 놓았기 때문에 나는 그 약속을 지키기 위해 미친 듯이 원고 쓰기에 몰입했다. 그래서 오늘로 나는 원고를 완성한다. 이 글을 마무리하고 나는 오늘 저녁 초고 원고 완성 선포를 할 것이다. 내가 만약 결과를 완성할 구체적인 시간을 명시하지 않았다면 3주만에 원고를 마칠 수 있었을까? 3주가 아니라 한 달이 될지, 두 달이 될지 아니면 석 달, 넉 달 언제가 될지 알 수 없다. 그런 이유로 목표 설정을 할 때 구체적인 시간 명시는 매우 중요하다.

다시 언급하지만 공부 목표는 특정한 결과를 성취할 수 있도록 구체적으로 정해야 한다. 양과 질, 영향력이 측정 가능해야 한다. 또한 달성 가능하고 도전 가치가 있어야 하며 결과를 완성할 구체적인 시간을 명시해야 한다. 한눈에 볼 수 있는 간단한 예를 들어 본다.

• A 학생 – 공부 목표 설정의 안 좋은 예

⇨ 목적 : 전교 1등, 올 100점

목표 1 : 하루에 영단어 100개 외우기

목표 2 : 하루에 수학 문제 100개 풀기

목표 3 : 각 과목 한 단원씩 공부하기

• B 학생 – 공부 목표 설정의 좋은 예

⇨ 목적 : 평균 80점 이상 달성하기

목표 1 : 매 쉬는 시간마다 다음 과목 예습하기 (5분씩)

목표 2 : 매일 영어 지문 1개에 속하는 단어와 문법 완벽하게 이
　　　　해하기

목표 3 : 매일 수학 문제 20개씩 풀고 오답 노트 작성하기

토머스 칼라일은 "의지가 없는 사람은 아무리 좋은 길에서도 전진과 후퇴를 반복하면서 발전이 없지만, 의지가 강한 사람은 길이 아무리 어렵더라도 꾸준히 앞으로 전진한다."라고 말했다. 끈기가 있고 목표 의식이 강한 사람은 어떤 난관이 와도 결국은 해낸다. 그러나 그런 의지도 끈기도 없다면 옆에서 이끌어 주고 밀어 주고 도와주어도 실패할 확률이 높다. 실패하고 싶지 않다면 명확한 목표를 설정하자.

산 정상을 오르기 직전에 숨이 목까지 차올라 주저앉고 싶은

경험을 했을 것이다. 공부를 해야 하는 당신이 지금 바로 그런 순간일 수 있다. 노력이 적으면 얻는 것도 적다고 했고, 다리를 움직이지 않고는 좁은 도랑을 건널 수 없다고 했다. 재능이 뛰어나지 못하더라도 목표 설정에 맞춰 꾸준히 노력하는 사람은 반드시 목표를 달성한다. 그러니 멈추지 말자. 결과는 꼭 있다. 노력은 곧 결실로 기쁨을 안겨 줄 것이다. 목표를 확실하게 설정하자. 지치지 말고 전진하자.

05 매일 공부할 과목 정해 놓기

사람은 생각하는 동물이다. 지성이 육신을 통제하기 때문에 아무렇게나 살지 않는다. 하늘의 조물주는 유일하게 인간에게만 생각하고 목표를 정하고 계획하고 실천할 수 있는 능력을 주었다. 참으로 고마운 일이다. 그럼에도 불구하고 우리 중에는 아무렇게나 대충 사는 사람이 있다. 이들을 보면 걱정스럽기까지 하다. 왜 저렇게 살까? 그러나 곰곰이 생각해 보면 그리 걱정할 일은 아니다. 그 삶도 그가 그렇게 살도록 선택한 것이다. 그러니 그 또한 아무렇게 사는 것은 아니다. 그 나름대로 생각이 있고 또한 생각 중인 삶이다.

방황도 일종의 생각이다. 평소 나는 계획적이고 생각을 많이 하는 편이다. 그런데도 때로는 방황을 한다. 뜻대로 일이 잘 풀리지 않을 때 낙담하고 그냥 주저앉게 된다. 사회에서 꽤 인지도가 있던 사람이 한 번의 실패로 인생의 저 깊은 나락의 늪으로 떨어져 아무 일도 하지 않고 방황한다. 그렇게 몇 년을 헤매다가 독수리처럼 다시 비상하는 사람의 예가 종종 있다. 기다려 줄 필요가 있다.

자칫 생활의 패턴을 놓치면 나태해지기 십상이다. 이날이 그날이고 그날이 이날인 경우가 되어 버린다. 그렇게 되지 않으려고 나는 부단히 노력한다. 그래서 늘 계획을 세운다. 오늘 해야 할 일과 내일 해야 할 일을 구분한다. 자기 전에는 꼭 내일 해야 할 일 목록을 적어 둔다. 그래야 아침에 일어나자마자 오늘 할 일을 확인하고 하루를 그 일에 초점을 맞추어 시작한다. 그렇게 하면 아침부터 침대에서 뒹굴면서 게으름을 피우지 않는다. 오늘의 일을 어디에서 어떻게 시작할지 방황하지 않는다. 시간을 낭비하지 않는다.

오늘 할 일 중 우선순위가 가장 높은 것이 무엇인지 선택한다. 그런 다음 바로 그 일부터 처리하려고 노력한다. 만약 그것이 공부라면 우선 공부할 과목이 어떤 과목인지 선별하고 선택을 한다. 과목이 정해졌다면 집중해서 그 일을 수행한다. 집중을 위해 물리적인 방법을 사용해도 좋다. 마치 내가 중요한 원고 쓰기를 할 때 나를 어느 정도 감시해 주는 도서관에 가서 글을 쓰듯이 말이다. 감시 역할, 혹은 정신이 우선순위에 고착할 수 있도록 정신을 통제하거나 긴장이나 집중하도록 타이머를 사용하기도 한다.

이를테면 째깍째깍 소리가 나는 타이머 시계가 필요하다. 보통 30분을 기준으로 타이머를 돌려놓는 것이다. 그러면 째깍째깍 소리를 내며 30분을 달릴 것이다. 이 소리를 이용하는 것이다. 정기적이고 규칙적인 소리는 쉽게 집중하도록 뇌를 훈련시킨다. 째깍째깍 소리가 뇌의 집중도를 높인다.

오늘 할 일을 정해 보자. 우선 펜, 종이, 타이머 시계를 준비한다. 종이 맨 위에 '오늘 할 일'이라는 제목을 적는다. 오늘의 계획표에서 가용 시간, 즉 남는 시간 동안 오늘 끝낼 수 있는 일에는 무엇이 있는지 생각해 본다. 그런 다음 일 목록을 먼저 살핀다. 오늘의 해야 할 일들을 적는다. 단 오늘 꼭 하지 않아도 되는 중요하지 않은 일이라면 굳이 적지 않아도 된다. 적은 목록 중에 꼭 해야 할 중요 과목이 적혀 있을 것이다. 이를테면 오늘은 국어 과목을 반드시 해야 한다고 하자. 이것이 오늘 계획 중 가장 중요한 것이다. 그러면 실행을 하는 것이다. 먼저 타이머를 30분 맞춘다. 째깍째깍 소리와 함께 국어 과목을 공부한다. 30분 만에 벨이 울리면 손을 놓고 10분은 무조건 휴식을 취한다. 다시 30분을 맞춰 놓고 다시 몰입한다. 10분을 쉰다. 이 작업을 계속 반복한다. 그러면 빠른 시간 안에 내가 해야 할 공부를 끝낼 수 있다.

매일 학습 계획을 세우면서 고민하는 부모들이 있다. 과학을 공부하는 날인데 학교에서 교과서를 가져오질 않는단다. 교과서는 어렵게 설명해서 재미도 없고 지루하다는 것이다. 주로 참고서만 의지하면서 공부하고 있다. 교과서는 참고서처럼 개념을 직접적으로 제시하는 방식이 아니라 스스로 개념을 정리해 나가도록 구성되어 있다. 스스로 묻고 답을 찾으며 개념을 정립해 나가는 공부의 정도가 바로 교과서를 통한 학습이다. 전문가들은 입이 닳도록 교과서의 중요성을 강조한다. 교과서를 읽으며 학습 내용에 호기심을 느끼고, 수업을 통해 이해를 하며, 보조 교과서로 문제 해결을 하는 학습 방식을 따르는 것이 좋다. 교과서를 무시하고 참고서 위주로만 공부하면 학교 수업에 능동적으로 참여하기 어렵다. 생각하는 공부가 아닌 암기하는 공부에 익숙해져서 학습 흥미 자체가 감소할 수 있다.

매일 공부할 과목을 정해 주지만 아이는 자기가 좋아하는 과목만 공부하려고 해서 힘들다고 말하는 엄마도 있다. 싫어하는 과목은 아예 쳐다보지도 않으려 하고, 공부를 하더라도 아주 짧게 하는 척만 한다고 한다. 아이가 특정 과목을 싫어하는 이유는 하위 개념을 이해하지 못한 채 진학했기 때문이다. 예를 들어 넛셈을 못하는데 분수를 하라면 당연히 이해도 안 되고 싫어할 수밖에 없다. 이럴 때는 이전 학년 교과서를 이용해 복습을 하며 개념 정립을 다시해야 한다. 단, 이번에는 모르고 지나가지 않도록 확실하게 기본기를 다지는 데 중점을 두자. 어떻게 하면 싫어하는 과목까지 흥미를 느끼게 할 수 있을까? 체험 학습, 애니메이션, 영화, 학습 만화, 동화 등 관심과 흥미를 가질 만한 것을 선택해 적극적으로 활용하면 좋다. 이런 오프라인 활동 외에도 온라인에는 플래시 애니메이션으로 제작된 강의, 학습 게임 등이 있으니 이용하면 좋다.

손도 대지 않은 문제집과 학습지가 수북이 쌓였다고 하소연하는 엄마가 있다. 왜 이런 현상이 나타날까. 그날그날 해야 할 문제집이나 학습지, 그리고 해야 할 양을 정해 놓지 않았기 때문이다. 매일 규칙적으로 공부하는 습관은 하루아침에 만들어지지 않는다. 초등학생 때부터 스스로 하는 학습 습관을 키워 줘야 한다. 이때 엄마가 개입을 해서 적절한 도움과 관리를 해 줘야 한다. 스스로 공부 계획을 짜고 실천하도록 말이다. 그렇다면 어떻게 도와주면 좋을까. 우선 문제집과 학습지 푸는 시간을 정해 줘야 한다. 단순히 문제집만을 던져 주고 풀라고 말하는 것보다는 몇 시부터 몇 시까지는 문제집을 푸는 시간이라고 아이와 정해야 한다. 숙제가 많거나 일정이 많다고 해서 이 시간을 생략해서는 안 된다. 평소보다 짧은 시간일지라도 문제집을 풀게 해서 습관을 유지시켜 주어야 한다. 비록 오늘 푼 문제의 수가 적더라도 매일 꾸준히 푸는 습관을 갖게 하는 것이 중요하다.

성공한 사람들은 항상 목표 지향적이다. 자신이 원하는 바를 정확히 알고, 하루하루 오로지 목표를 이루는 데만 전념한다. 시간은 화살처럼 빠르게 지나간다. 자칫 조금만 게으름을 피우면 일주일이, 한 달이, 6개월이 무의미하게 지나간다. 학생들에겐 그야말로 시간이 금이다. 간절한 목표를 위해서 어떠한 것을 포기했는지, 어떠한 것을 포기하고 있는지, 어떠한 것을 포기할 수 있는지를 항상 가슴속에 새기며 공부하자. 어떻게 시간을 써야 할지 어떤 공부를 먼저 해야 할지 매일 공부할 과목을 정해 놓고 생활해야 한다. 목표 중심에 초점을 맞춰야 한다. 그래야만 계획한 것을 모두 달성할 수 있다. 자, 오늘도 공부할 과목을 정해 놓았는가?

06   공부 시간과 노는 시간 미리 계획하기

시간을 구분하고 분리한다는 것은 보통 결심만 가지고는 힘든 일이다. 시간이 흘러가는 대로 그날그날을 사는 게 보통 우리네 일상이다. 그럼에도 불구하고 시간을 나누어서 해야 할 일의 우선순위를 매기고 분리해서 생활한다는 것은 존경할 만한 일이다. 우리 주변에는 그렇게 시간을 쓰임새 있게 잘 활용하는 사람이 의외로 많다. 분명 시간의 소중함을 잘 아는 사람들이다.

공부해야 할 학생이라면 언제나 시간에 쫓길 것이다. 특히 시험 기간에는 모든 시간을 쪼개어 공부 계획을 세울 것이다. 그러나 자칫 잘못하면 공부할 시간을 모두 빼앗길 수 있다. 공부 계획을 두루뭉술하게 짜 놓았다가 낭패 보는 일이 종종 있다. 한 예를 보자.

오늘 도서관에 공부하러 간다. 또한 도서관에서 몇 년 만에 만나는 친구를 보기로 했다. 그 친구가 나를 위해 일부러 도서관으로 와 준다고 한다. 나를 배려해 주는 친구가 너무 고맙고 또한 기대가 된다. 친구를 무척이나 보고 싶었던 찰나였다. 친구를 만나면 할 이야기가 무척 많다. 한동안 만나지 못했기 때문에 밀린 이야기가 많다

공부할 책 꾸러미를 싸들고 도서관으로 향했다. 자리를 맡아 놓고 공부할 책을 주섬주섬 책상에 올려놓았다. 몇 자를 보고 있는데, 친구가 도착했다고 연락을 한다. 몸이 화살처럼 튀어나왔다. 기다렸던 친구를 만나니 너무나 반가웠다. 둘은 하염없이 이야기꽃을 피웠다. 그동안의 소식을 전하느라 이야기에 빠져들었다. 이야기를 하다 보니 배가 고팠다. 모처럼 친구를 만났고 나를 찾아왔으니 점심은 내가 사야할 것 같다. 그래서 친구와 도서관 근처에 있는 맛있는 식당으로 향했다. 항상 함께 즐겼던 식당이라 무엇을 시켜야 하는지 고민 없이 메뉴를 선택했다. 밥을 먹으면서도 이야기는 계속되었다. 도대체 시간이 왜 이리 빨리 가는가. 밥을 먹고 나니 친구가 커피를 산단다. 우리는 분위기 좋은 전원 카페로 이동했다. 여자들의 수다란 끝이 없다. 가장 활발한 젊음을 함께 나누던 친구이기에 말의 절제가 필요 없다. '아'와 '어'만 해도 무슨 말을 할지 서로

가 금새 감지할 수 있는 단짝 친구다. 그러하기에 이야기의 끝이 안 보일 정도로 재미있다. 이야기한 지 얼마 안 된 것 같은데 벌써 오후 시간을 훌쩍 넘겼다. 벌써 가족들 저녁 식사를 준비할 시간이다. 마침 친구도 애들 밥을 해 줘야 한다고 해서 일어났다.

'어라. 나는 공부하려고 도서관에 자리 잡고 책을 갖다 놓았는데, 나도 집에 들어갈 시간이네, 곧 시험이 있어서 공부 좀 하려고 작정했는데, 친구를 만나는 바람에 모든 시간을 그냥 날려 버렸구나.' 속에서 자책하는 소리가 나를 부끄럽게 했다.

지금 같으면 난 이렇게 행동하지 않는다. 내 자신한테도 우유부단한 행동은 거절한다. 난 분명하게 말할 것이다. "오늘은 공부할 계획이 있어. 그래서 몇 시부터 몇 시까지 딱 2시간만 가능해." 이렇게 시간을 정해 놓고 친구를 만나면 서로가 그 시간만을 사용하려고 무의식적으로 노력한다. 그 이상은 마음속에서 계획하지 않는다. 그렇게 되면 시간이 다 되었을 때 서로가 미안하지 않게 헤어질 수 있다. 공부 시간과 노는 시간은 미리 계획해야 한다. 이런 예는 나만 경험한 것이 아닐 것이다.

한때 친구들 모임이 있었다. 즐겁게 먹고 놀며 수다 떨기로 한 날이다. 좋은 친구들과 만나는 작은 모임은 항상 기대감이 생기고 즐거운 일이다. 친구들 중 한 명은 수학 과외를 한다. 모임을 선약해서 빠질 수는 없고, 아니 빠져서도 안 되고, 아이들 시험이 코앞이라 선생님인 자신도 공부 좀 해 놔야 하는데 미처 다 못했다고 한다. 그래서 놀면서 틈틈이 공부 좀 하겠다고 수학 문제집을 갖고 모임에 나타났다. 뭐 안 해도 그만이겠지만 아이들에게 더 많이 주고 싶은 욕심에 자신도 공부를 꾸준히 하는 성실한 선생님이다.

결과는 어땠을까? 여러분이 상상한 그대로다. 문제집은 열어 보지도 않고 놀다만 갔다. 친구들 모임에서 어찌 중간중간에 공부를 할 수 있겠는가. 모두가 공부하는 분위기라면 모를까 신나게 먹고 수다 떠는 여자들의 모임은 그리 조용하지 않다. 먹을거리가 끊임없이 나오고 거기에 술도 약간 마시는 분위기에서 공부란 애초에 불가능한 상황이다. '이 상황에서 공부는 무슨 공부, 그냥 먹고 마시자.' 정신에 긴장감이 사라지고 만다.

아이들의 상황도 마찬가지다. "엄마! 친구 집에서 놀다가 공부하고 올게요." 엄마들은 공부한다는 소리에 깜빡 속고 만다. 친구들끼리 만나서, 그것도 집에서는 절대 공부할 수가 없다. 특별히 우등생이라면 간혹 공부할 수도 있겠지만 대부분 불가능하다. 친구와 만나서 놀다 보면 공부는 벌써 뒷전으로 밀려난다. 거기에 게임이라도 할까 싶으면 공부는 생각도 안 난다. 오로지 친구와 게임에만 빠져서 시간이 흐르는 것조차 감지하지 못한다. 루이사 메이 올콧은 이런 말을 했다. "일하는 시간과 노는 시간을 뚜렷이 구분하라. 매 순간을 즐겁게 보내고 유용하게 활용하라. 그러면 젊은 날은 유쾌함으로 가득찰 것이고, 늙어서도 후회할 일이 적어질 것이며, 비록 가난할 때라도 인생을 아름답게 살아갈 수 있을 것이다.”

시간에 관한 명언은 참으로 많다. 그만큼 시간은 소중하고 절실하다. 어떤 이들에겐 시간의 흐름이 무의미하다. 무료함을 달래기 위해 일부러 시간을 때우는 사람도 있다. 하지만 사람들 대부분은 바쁜 가운데 시간을 찾는다. 해야 할 일을 하기 위해 없는 시간을 쪼개어 만든다. 사람에 따라서 시간의 의미는 참으로 다르다.

우리는 분명 모든 일에서 구분을 해야만 한다. 생활 자체가 우유부단한 것만큼 한심한 일은 없다. 그런 삶은 자신뿐 아니라 주위 사람들에게도 영향을 미친다. 공부를 할 것인지 놀 것인지 분명하게 구분해야 한다. 공부는 내 의지력과 노력이 요구되는 일이다. 노는 것은 노력이 필요하지 않다. 그냥 즐거울 뿐이다. 우리는 흔히 노력이 필요하지 않은 일에 쉽게 빠져드는 습성이 있다. 그러하기에 놀이와 공부는 분명한 선이 있어야 하고 분명한 계획이 있어야 한다. 그렇지 않으면 공부는 항상 노는 것에 밀리게 된다. 아이들이나 성인이나 이 부분은 똑같다. 그러니 공부 시간과 노는 시간은 미리 계획해서 생활하자.

07   목표량을 달성한 나에게 보상하라

우리는 자신에게 얼마나 호의적일까? 다른 것은 몰라도 무엇인가 목표를 달성한 뒤에 자신에게 칭찬이나 선물은 거의 안 해 봤을 것이다. 사실 나 자신이기 때문에 굳이 선물이라는 형식을 갖추지는 않는다. 내 자신한테 더 소홀하다.

내가 신입 강사였을 때 선배 강사 강의에 청강을 한 적이 있다. 선배 강사는 평소에 책을 많이 읽는 습관이 있었고 당시 대학원 공부를 하던 중이었다. 또한 그 선배는 한겨레문화센터에서 고등학생을 대상으로 자기 주도 학습 캠프를 운영하고 있었다. 학생들에게 강의를 하던 중 목표를 달성하면 자신에게 선물을 사 준다고 하였다. 나는 그 선배 강사로부터 그런 이야기를 듣고 신선한 충격을 느꼈다. '나 자신에게 선물을 한다고?' 나는 평소에 한 번도 그렇게 생각해 본 적이 없었다. 내가 하는 일은 당연한 것이고 목표를 달성하면 단지 기특하다고 여길 뿐이었다. 그런데 눈에 보이는 선물을 하라니 그것도 돈으로 사서 말이다. 그날 이후 나는 그 강사가 새로워 보였다. 뭔가 더 멋져 보이고 자신을 사랑할 줄 아는 근사한 여자로 보였다.

교육청 학습 코칭 동기였던 선생님이 있다. 지금은 다른 직업을 갖고 있는데 최근 목표 달성을 한 성과로 자신에게 선물을 했단다. 바로 2박 3일 홀로 여행을 한 것인데, 이 선생님에게는 어린 두 딸이 있었기 때문에 쉬운 일이 아니었다. 하지만 남편의 배려로 실행할 수 있었다.

여행을 다녀온 뒤 사진을 모두 보여 주었는데 혼자 콘도를 잡아서 맛있는 식사와 여러 가지 체험을 하며 실컷 돌아다녔다고 한다. 밤에는 콘도 욕실에서 우아한 거품 목욕을 하면서 와인을 마시는 등 그동안 TV에서나 보았던 상류층 여자들이 멋지게 목욕하는 것을 흉내내 봤다고 한다. 거품 목욕물에 몸을 담그고 잔잔한 음악과 함께 와인을 마시는 여자. 생각만 해도 우아하고 멋있어 보였다. 사실 마음만 먹으면 집에서도 얼마든지 할 수 있는 일이다. 이 선생님 역시 집에서 할 수 없어서 안 했던 것이 아니다. 다만 혼자 우아 떨 수 있는 환경이 받쳐 주질 않았기에 못했었던 것이다.

샤워하러 욕실에만 들어갔다 하면 아기들이 엄마를 찾아 대는 통에 뭘 못한다는 것이다. 그래서 혼자 여행 간 김에 폼을 잡아 봤다는 것이다.

별것 아니지만 자신을 위해서 보상했다는 것 자체가 선물이고 힘이다. 그런 시간을 갖고 나면 생활에 복귀했을 때 힘이 불끈불끈 난다. 기분이 환해지고 전환된다. 보상으로 자신만을 위한 여행을 다녀오면 쉬고 싶거나 떠나고 싶다는 생각이 한동안은 안 든다. 어떤 대가를 지불받았다는 심리적 보상이 되었기 때문이다. 그렇기 때문에 마냥 일에만, 혹은 공부에만 매달려 있는 것은 자신을 배려하는 일이 아니다.

50대인 한 지인의 이야기를 소개한다. 보통 남자들은 가족을 부양하느라 특별히 자신한테 선물을 한다는 것이 그리 쉽지가 않다. 이분도 회사에서 좋은 성과를 거두어서 뭔가 자신에게 보상을 해 주고 싶었다고 한다. 그러나 평소에 즐기지 못하고 놀지 못한 사람은 이럴 때 잠깐 고민을 한다. 그러다가 생각난 것이 호텔이었다. 그 즉시 호텔로 갔다고 한다. 퇴근길에 서울의 멋진 호텔로 들어가 로비 라운지를 찾은 거다. 전망 좋은 곳에 앉아 시원한 생맥주를 한잔 들이킨다. 그러고는 쓰디쓴 에스프레소를 시켜 놓고 잠시 생각에 잠긴단다. 하루 일과 지난날 살아온 시간 등을 잔잔히 흘러나오는 음악에 취해 커피를 음미하며 되돌아 보는 것이다.

호텔이라서 그런지 직원들도 기분이 좋아질 정도로 친절하다. 정말 사람 대접을 받는 기분이란다. 한번 이 맛에 자신을 길들인 뒤론 한 달에 한 두 번은 꼭 호텔 라운지를 찾는단다. 자신을 위한 보상인 호텔 라운지는 비용이 2만 원에서 4만 원이다. 커피나 생맥주 하나만 마실 때는 2만 원, 두 가지 다 마실 때는 4만 원이다. 다른 곳보다 약간 가격이 비싸기는 하지만 기분을 풀기에는 최고의 장소였던 것이다. 무엇보다도 호텔 특유의 깨끗함과 향기, 안락한 소파와 탁자, 시끄럽지 않은 잔잔한 분위기는 일반 커피숍과는 사뭇 다르다는 것이다.

이 정도면 자신을 위한 보상으로 충분하다고 생각한다. 꼭 보상이 비싼 시계나 거금을 들이는 것일 필요는 없다. 꼭 해외여행이 아니어도 좋다. 자신이 좋아하는 취향에 만족하면 된다. 아무리 비싸고 고급진 것이라 해도 내 취향이나 성향과 맞지 않으면 그것은 나를 위한 보상이라고 말할 수 없다.

그때 이후로 나는 생각을 달리하기 시작했다. 어떤 성과를 이루었을 때 나 자신에게 보상을 하기로 작정했다. 내가 원하는 보상은 물건보다 문화 생활이다. 내게 부족한 것은 어떤 것을 갖는 것이 아니다. 평소 여러 이유로 문화 생활을 많이 즐기지 못한다. 남들에게는 흔하디 흔하다는 영화 감상이 나한테는 힘들고 어려운 일이다. 특히 나 혼자 보는 영화는 더더욱 어렵다. 그래서 나에 대한 선물은 주로 혼자 영화 보는 거였다. 막상 해 보니 그렇게 힘들지도 않고 참 의미 깊기도 했다. 여럿이 볼 때와 혼자 볼 때의 느낌은 확연히 다르다. 혼자 볼 때 더 몰입하게 되고 감정 이입을 하게 된다.

또 다른 선물은 책을 한 보따리 구매하는 것이다. 읽고 싶은 책을 한 아름 사면 그렇게 좋을 수가 없다. 책상에 주르르 늘어놓고 몇날 며칠을 돌아가면서 읽는다. 시간을 내서 작정하고 책을 읽으면 유난히 더 재미있고 행복하다. 짧은 시간에 많은 생각을 하게 된다. 온전히 나와 깊이 있게 마주하는 시간을 갖게 된다. 이보다 더 의미 있고 뜻 깊은 시간은 없다. 친구들과 수다 떨고 여행 다니는 것과는 또 다른 재미다.

자녀를 둔 부모라면 자녀에게 선물을 해 줄 수 있다. 자녀는 경제력이 없기 때문에 스스로 보상하기가 어렵기 때문이다. 성적이 오른다거나 그 외 포상이 필요한 행동을 했을 때 그냥 말로만 칭찬하고 넘어가는 것보다는 어떤 보상을 해 주는 것이다. 그러면 그 선물이 동기 부여가 된다. '아 다음에도 또 그렇게 해야겠다.' '엄마가 좋아하시는구나.' 라는 생각을 스스로 하게 된다. 요즘 학생들은 흔히 말한다. "선생님, 이번에 제 성적이 오르면 엄마가 스마트폰을 사 준데요." 학생들에겐 최신형 스마트폰이 다른 무엇보다도 욕심나는 선물이다. 그래서 성적 보상으로 엄마한테 스마트폰을 제시한다. 엄마는 성적만 오른다면 기꺼이 사 주겠노라고 약속한다. 아이의 욕구를 강하게 일으키는 선물이 가장 효과적이다. 별로 갖고 싶지 않은 것을 제안했을 때는 움직이지 않는다. 그러나 간절히 갖고 싶다면 그만큼 행동하게 된다.

학생이라면 성적이 올랐을 때 무엇을 해 보겠다고 스스로 보상 계획을 세워 보자. 평균 10점이 오르면 친구랑 영화 보기 등 보상 계획을 세우고 공부하면 훨씬 도움이 된다. 그 보상이 별것은 아니지만 그 계획을 꼭 지키겠다는 심리가 작용하게 한다. 또한 그것을 지키려고 노력할 것이다. 그런 의미에서 보상은 중요하다. 다른 누구보다도 더 값진 보상이 필요한 존재는 바로 자신이다. 우리 대부분은 늘 그것을 간과한다. 나를 소중히 여긴다면서, 오히려 자신한테는 인색하다. 목표 달성을 한 자신에게 보상을 해 주면 더 힘이 날 것이다. 앞으로 자신을 귀하게 챙겨 가면서 공부하자.

08   작은 목표부터 실행해 단계의 성취감을 높여라

살면서 한 번쯤은 목표를 정해 본 적이 있을 것이다. 그것이 공부든 다이어트든 돈을 벌기 위한 것이든 종류는 다양할 것이다. 그러나 목표라는 것이 생각처럼 그렇게 쉽게 이루어지지 않는다. 대부분 몇 번에 걸쳐서 실패를 맛본다. 실패하는 이유는 무엇일까? 맞다. 목표가 너무 크기 때문이다. 실현 불가능하게 과도한 계획을 세우기 때문이다.

나는 야행성 올빼미다. 항상 저녁에 바쁘고 뭔가 할 일이 많다. 그만큼 밤에는 쌩쌩하다. 내 의지와 상관없이 밤에 잠이 쏟아지면 일찍 잘 텐데, 그렇질 못한다. 정신이 너무나 멀쩡하여 어지간한 일은 모두 밤에 한다. 그러나 언제인가 새벽형, 아침형 인간이라는 책을 읽고 부터는 새벽형 인간에 대한 긍정적인 메시지가 내 안으로 쏙쏙 들어왔다. 아침형이 되면 그들이 말하는 긍정적 효과가 내게도 정말 나타날 것만 같았다. 그래서 당장 시도했다.

새벽형은 대부분 새벽 5시에 일어나는 것을 추천했다. 그래야 해가 떠오르는 멋진 아침 풍경도 볼 수 있고, 새벽에만 느낄 수 있는 고요함과 하얗게 피어오르는 물안개를 감상할 수 있다고 하면서 말이다. 나도 당장 그런 맛을 경험해 보고 싶었다. 무엇보다도 그들은 아침에 느끼는 맑은 정신을 극찬하다시피 했는데, 야행성인 나는 꿈도 못 꿀 일이었다. 나는 곧바로 새벽형이 되기 위해 목표를 잡고 즉시 실행했다. 새벽을 위해 알람 시계를 정각 5시에 울리도록 맞춰 놨다. 첫날은 성공했다. 그런데 나는 도저히 새벽형이 말하는 그런 기분을 느낄 수가 없었다. 그저 정신이 비몽사몽이었다. 몸은 깨어 있으나 정신은 하염없이 졸음 터널에서 헤어 나오질 못했다. 둘째 날도 그랬다. 셋째 날 역시 그랬다. 결국은 다시 야행성으로 돌아갔다. 무엇이 문제였을까.

나는 새벽형 인간에 대한 환상만 생각하고 목표를 처음부터 너무 크게 잡았다. 처음부터 새벽 5시에 일어나는 것이 무리였다. 첫날은 평소 일어나는 시간보다 1시간 일찍 아니 30분 일찍 일어나는 연습부터 해야 했었다. 그 시간이 익숙해지면 조금 더 일찍. 또 조금 더 일찍 그렇게 단계를 조금씩 좁혀 가야 했다. 작은 목표부터 실행해서 단계의 성취감을 조금씩 맛보았어야 했다. 아침에 일찍 일어나기로 결심했으면 그만큼 저녁에 일찍 잠자리에 들어야 했다. 저녁에 내 것 다 찾아 먹으면서 아침에 남의 떡까지 먹으려 했던 것이 문제다. 그러니 목표가 이루어질 리 만무했다.

언젠가 포항에 있는 고등학교에서 강의 제안이 왔다. 집은 충남 아산인데 포항까지 가려면 거리가 만만치 않다. 나는 장거리 운전, 아니 고속도로 운전을 잘 못하기 때문에 대중교통을 이용해 전날 밤에 미리 내려갔다. 다음 날 서울에서 차를 끌고 온 동료 강사가 여럿 있었다. 서울에서 포항까지 자동차 운전을 하고 오다니, 그것도 여자가 대단했다. 어찌 그런 대단한 모험을 했는지 의문이었다. 그래서 물어보았다. 서울에서 포항까지 어떻게 고속도로 운전을 하고 왔느냐 했더니 "목표를 포항까지 잡는 게 아니라 매번 휴게소를 목표로 잡고 오면 돼요. 휴게소에 도착하면 차 한 잔 마시고 다시 다음 휴게소까지 목표를 잡고 출발하면 돼요." 디오도어 루빈은 "큰 목표일수록 잘게 썰어라."라고 말했다. 맞다. 큰 목표를 작은 목표로 잘라서 실행하는 것이다. 휴게소 하나하나를 지날 때마다 성취감을 느끼며 운전했을 것이다. 포항이 점점 다가오는 것을 보며 성취감을 느꼈을 것이며 마음이 얼마나 편안해졌을까 싶다.

최근 나는 매주 분당에 가야 할 일이 생겼다. 고속도로가 무서워서 아예 그쪽 길은 생각도 안 하고 국도를 찍어 보았더니 1시간 30분이 나왔다. 이 정도면 가 볼만 하다 싶어 대중교통이 아닌 자동차로 가 보기로 했다. 처음부터 도착지를 3등분으로 나누어 출발했다. 굳이 차를 정차하고 쉬지는 않았지만 3등분으로 나눈 작은 목표를 향해 운전을 하니 처음 30분 거리는 금방 도착했다. 또 다시 두 번째 목표지를 향해 달리니 역시 금방 도착했다. 그렇게 해서 1시간 30분을 지루하지 않고 멀지도 않게 도착했다. 작은 목표로 나누어 단계의 성취감을 맛보니 얼마든지 할만 했다. 장거리 운전의 두려움이 쉽게 사라지는 것을 경험했다.

목표를 너무 크게 잡으면 항상 문제가 생긴다. 그것도 욕심이다. 자신을 돌보지 않는 무리한 계획이다. 밥도 한꺼번에 너무 많이 먹으면 체한다. 조금씩 맛을 음미하면서 먹으면 입도 즐겁고 위도 편안하다. 공부 계획을 짜고 목표를 실행할 때도 쪼개서 작은 목표부터 실천해 나가는 것이 좋다.

내 주변에는 다이어트를 하는 사람이 참 많다. 요즘은 음식 문화가 서구화되어 가고 있어서 조금만 먹어도, 운동을 조금만 게을리 해도 살이 찐다. 살 빼는 계획도 너무 욕심을 부리면 탈이 난다. 단기간에 많은 무게를 빼려는 게 문제다. 어떤 사람은 아예 음식을 안 먹는 방법을 택하기도 한다. 또 어떤 이는 먹고 바로 토하는 방식을 선택한다. 일부의 이야기지만 그들은 자기 신체를 너무 학대한다. 살이 쪘다는 이유로 위를 혹사시킨다. 결국 부작용이 생겨서 포기한다. 빈혈로 사망했다는 소식이 종종 전해 온다. 가혹한 다이어트 때문에 굶어서 빈혈로 사망했다는 것이다. 내 자신이 소중한 만큼 다이어트도 체계적으로 사려 깊게 해야 한다. 한꺼번에 무리하게 계획하는 것이 아니라 조금씩 변화를 보면서 해야 한다. 다이어트가 진짜 된다 싶으면 본격적으로 정도를 늘려 가는 거다. 그렇게 단계의 성취감을 느끼면서 다이어트를 하면 요요 현상이 나타날 확률이 적어진다.

한때 내 아들도 운동을 했다. 운동을 열심히 해서 몸을 만들어야겠다는 것이다. 평소 좋아하는 운동이라고는 찾아볼 수가 없는 아이인데, 어느 날 갑자기 운동을 하겠다는 것이다. 직장에서 사람들과 소통하다 보니 운동의 필요성을 느꼈고 함께 운동할 파트너가 생긴 것이다. 나는 살짝 염려했다. 과연 얼마나 갈 것인가……. 예상했던 대로 몇 개월 하다가 말았다. 열심히 운동을 하면 몸에 근육이 금새 붙을 것 같고 남자의 근육 몸매가 형성될 것이라고 과하게 생각한 탓에 처음부터 욕심을 부렸다. 운동을 한 가지씩 차근차근 해야 하는데 수영도 하고 축구도 하고 한 번에 여러 가지 운동을 갑자기 동시에 했다. 몸은 금새 지친다. 몸이 지치면 마음도 지친다. 지치다 보면 긍정적 에너지가 부정적 에너지로 바뀐다. 결국은 계획을 포기하고 주저앉는다. 아들의 운동 목표가 그랬다.

"날기를 배우려는 사람은 우선 서고 걷고 달리고 오르고 춤추는 것을 배워야 한다."라고 니체는 말했다.

학습 목표도 마찬가지다. 욕심이 지나쳐 계획을 너무 크고 과하게 잡으면 오래 가지 못한다. 계획이나 목표가 너무 크면 그만큼 성취감을 경험하기가 힘들어진다. 성취감을 맛보기도 전에 포기하는 현상이 나타난다. 그런 이유 때문에 목표를 작게 나누어서 실행하는 거다. 작게 나눈 목표는 그만큼 성취감을 빠르게 맛볼 수 있다. 성취감을 경험하면 동기 부여를 받기 때문에 실행에 가속이 붙는다. 다음 목표가 척척 진행되는 즐거움을 경험하게 된다.

09 ___ 시작만큼 중요한 것은 지속하는 힘이다

무엇인가를 계획하고 실천한다는 것은 대단한 일이다. 개인적으로 박수를 쳐 주고 싶다. 아직도 내 주변에는 목표를 세우고 계획을 하고 실천하는 일을 꾀나 어렵게 생각하는 사람이 많다. 그런 면에서 실천하는 당신은 위대하다.

나는 학교에서 진로나 자기 주도 학습을 가르칠 때 꼭 모제스 할머니를 언급한다. 모제스 할머니는 70살이라는 늦은 나이가 되도록 10명의 자녀를 키우고 농장 일에만 매달렸다. 그녀는 80살이 다 되어서야 자신이 원하는 그림을 그리기 시작했다. 그 나이에 무엇인가를 시작한다는 것은 거의 기적에 가깝다. 사람들 대부분은 80살이 다가오면 "이 나이에 죽을 준비나 해야지, 그걸해서 뭐 하겠어."라고 말하기 일쑤다. 그러나 모제스 할머니는 그렇지 않았다. 끝까지 꿈을 놓지 않았고 실천했으며 90살이 다 되도록 그림 그리기를 지속했다. 할머니는 자신의 꿈인 그림 그리기를 지속하였기 때문에 90살에 그림의 진가가 전 세계 사람들에게 알려지게 되었다.

"삶은 당신이 만드는 것이다. 이전에도 그랬고, 앞으로도 그럴 것이다."

모제스 할머니였기에 이런 말을 할 수 있다. 나이란 단지 핑계일 뿐이고 숫자일 뿐이다. 적어도 열정과 꿈이 있는 사람에게는 그렇다.

동료 작가 분이 있다. 나이가 곧 70살이다. 70살이 다 되어서 작가가 되겠다고 책 쓰기 과정에 들어왔다. 처음에는 조금 어이가 없었다. '어머, 저 연세에…….' '가능할까?' 솔직히 내심 걱정이 되었다. 책 쓰기 과정이 의외로 쉽지만은 않을 텐데, 나도 못 따라갈까 봐 은근히 걱정인데, 어르신은 자신감 백 배, 당당함으로 등록했다. 지금껏 대학원 공부를 해 왔고 석사 학위 졸업식을 앞두고 있다고 한다. 그렇다면 60대에도 놀지 않고 계속 공부를 해 왔었다는 이야기인데, 갑자기 존경스러워졌다.

도대체 어떤 정신력이기에 나이라는 한계를 뛰어넘어 아직 공부를 할 수 있을까? 생각할수록 정말 대단해 보였다. 내 주변에 있는 70대 할머니들은 이분 같지 않다. 대부분이 세월을 허송세월로 보내며 하루하루 늙어가는 시간을 탓하기만 한다. 오히려 죽을 날을 준비하고 있는 듯하다. 동료 작가 분이 멋있어 보이는 이유는 도전하고 실행한다는 점에 점수를 준 것이 아니다. 지금까지 공부를 포기하지 않고 지속해 왔다는 점에서 점수를 높이 주고 싶은 것이다. 우리의 삶에서 목적을 발견하고 그 목적을 이루기 위해 노력하는 것은 참으로 아름다운 일이다. "인내심을 가지고 준비하면 자신이 원하는 명예를 얻을 수 있다." 장 드 라 브뤼에르의 말이다. 나는 동료 작가의 건투를 빈다.

대부분 머리 좋은 사람이 좋은 대학에 간다. 하지만 그들 중 다수가 대학을 졸업하고 더는 공부하지 않는다. 고등학교, 대학교에서 열심히 공부하고 성과를 냈으니, 이만하면 됐다 싶은 안도감에 나태함 속으로 자신을 들이밀어 놓는다. 그래서 직장에 눌러 앉아 있거나 결혼과 육아로 일선에서 나와 그대로 평범한 아줌마로 주부로 머물러 있다. 참으로 안타까운 일이다.

사회에서 승승장구하면서 성공하는 사람은 따로 있다. 머리가 그렇게 좋지는 않다. 그들은 단체 생활과 지식 다툼을 하는 학교생활에서는 커다란 두각을 나타내지 못한다. 그러나 고등학교나 대학을 졸업하고 나서의 행동 양식은 사뭇 다르다. 목표 지향 주의다. 꿈을 꾸고 꿈을 먹고 산다. 끊임없이 자기 계발을 한다. 끊임없이 도전을 한다. 공부하기를 멈추지 않는다. 성공을 원하는 만큼 끊임없이 지속한다. 주변엔 이런 사람이 상당히 있다. 이들을 대할 때마다 항상 느낀다. 성공은 공부를 지속하는 힘에 있다는 것을.

나 역시 늦게 시작한 대학 공부였지만 대학 졸업으로 만족하지 않았다. 처음에는 단지 대학 졸업장이 꿈이고 목표였다. 하지만 대학을 졸업하고 나니 더 공부 욕심이 났다. 배워야 할 것이 더 많이 생겼다. 지식에 탐닉하는 즐거움을 늦게야 알았다. 피에르 테야르 드 샤르댕은 "마치 능력의 한계가 없는 것처럼, 계속하여 앞으로 나아가는 것이 우리의 의무다."라고 말했다. 배움에 있어서 나는 계속 앞으로 나아가는 것을 주저하지 않았다.

4년 동안의 대학 공부에 대학원 2년 반 그리고 사이사이에 자격증을 따면서 나의 진로를 찾아갔다. 어떤 직업이 나에게 맞는지, 여러 가지 자격증 공부를 하고 일선에서 일해 보면서 나의 적성을 테스트해 보았다. 대학원을 졸업하고 10년이 넘도록 꾸준히 공부했다. 공부를 하고 또 하고, 그러면서 어쩌다 보니 자격증이 30여 개가 되었다. 가끔은 공부하는 게 지겨워서 이제는 '그만하자'라며 두 눈을 딱 감기도 했다. 더는 욕심을 내지 말자며 내 자신을 타이르기도 했다. 그래서 잠시 몇 년은 일에만 집중했다.

그러나 나의 본성은 결코 깰 수가 없나 보나. 결국은 또 다시 공부를 시작했다. 2016년부터 블로그 공부를 했는데, 서점에서 블로

그 관련 책들을 모조리 사서 읽었다. 블로그를 원활하고 재미있게 운영하기 위해 어떤 점을 고려하고 어떤 점을 주의해야 하는지 숙지했다. 한참 블로그라는 세상에 푹 빠져서 매일 사진을 찍어서 올리고 글을 썼다. 이웃의 반응에 소통해 가는 일이 그렇게 재미있을 수가 없었다.

블로그 이웃 중 한 사람이 있다. 2년을 열심히 활동하다 보니 어느 날 갑자기 그 친구의 글이 인터넷 포털 사이트 메인에 노출이 된 것이다. 하루에 수천 명이 방문하는 놀라움을 경험했다. 그야말로 파워 블로거의 기분을 제대로 느낀 것이다. 한동안 상위 노출이 동기 부여가 되어 블로그 활동을 더 열심히 했다. 자신이 쓴 글이 사람들에게 인기가 있고 사람들이 정보를 필요로 한다는 것을 알고는 마치 소명처럼 블로그에 더 매진하게 되었다. 그러나 어느 순간부터는 글이 상위에 올라오지 않았다. 블로그 활동이 식상해진 듯 차차 글도 올라오지 않았다. 요즘은 아예 소식이 뚝 끊겼다. 활동을 중단한 것이다. 열심히 해서 보기 좋았는데 블로그 실천이 오래 지속되질 않았다.

장기적으로 지속한다는 것이 사실 쉽지는 않다. 그만큼 하고자 하는 의지력이 강하게 내재되어 있어야 한다. 주변에 여러 방해 요소가 있으니 중요하지 않은 일은 뒤로 밀려나기 마련이다.

윈스턴 처칠은 이런 말을 했다. "성공은 최종적인 게 아니며 실패는 치명적인 게 아니다. 중요한 것은 지속하고자 하는 용기다."

그는 성공과 실패를 떠나 중요한 것은 지속하고자 하는 용기라고
했다. 운동을 할 때도 끈기와 용기가 필요하듯이 어떤 일이나 오래
지속하고 유지하는 것이 중요하다. 공부도 마찬가지다. 공부를 해
도 성적이 안 오른다고 쉽게 포기하는가? 좋은 성적이 갑자기 떨
어졌다고 더는 공부하길 포기하는가? 잠시의 성공과 실패는 중요
하지 않다. 공부해 나가는 과정과 지속하는 용기가 중요하다. 공부
목표를 세우고 실천하는 당신은 아름답다. 실천은 목표를 이루는
일에 꼭 필요하다. 어느 분야에서나 마찬가지겠지만 특히 공부는
당장 실천하는 것도 중요하지만 오래 지속하는 것이 더 중요하다.

PART 4

성적 역전 공부 10계명

시간을 배분하는 기술부터 익혀라.

잠자는 시간을 줄이지 마라.

장소를 옮기면 집중력이 높아진다.

STEP 1 시간을 배분하는 기술부터 익혀라

'시간은 금이다.' '시간은 곧 돈이다.' 시간에 관한 명언이 참 많다. 그만큼 시간은 소중하고 삶에 있어서 중요하다. 작은 시간이 모여서 커다란 내 인생이 된다. 그런 이유 때문에 시간은 잘 사용해야 한다. 어떻게 하면 시간을 잘 사용할 수 있을까? 시간을 잘 쓰는 것도 기술이다. 생각 없이 살다 보면 귀한 시간을 술술 낭비하게 된다. 시간 사용을 위해 먼저 내 생활을 파악해야 한다. 그런 다음 내 생활에 맞게 시간을 배분해야 한다.

보통 학생들은 덩어리로 시간을 배분한다. 예를 들어 일요일 오전에 수학 공부, 낮에 국어 공부, 저녁에 영어 공부 이런 식으로 잡아 버린다. 그렇다면 오전 시간을 수학 공부를 하기 위해서 어떻게 활용할 것인가. 느지막하게 10시쯤 일어나서 아직 12시까지는 시간이 여유 있다고 생각하면서 다른 자질구레한 일에 더 매달린다. 어쨌든 오전이 지나기 전에 수학 공부를 하면 되니까 말이다.

계획은 구체적으로 세워야 한다. 오전에 주로 어떠어떠한 일들을 할 것이며 수학은 몇 페이지에서 몇 페이지까지 할 것인지, 혹은 몇 문제를 풀 것인지 구체적인 계획이 있어야 그에 맞게 움직인다. 5문제 정도 풀 계획이라면 약간 늦장을 부려도 될 테지만, 20문제를 풀기로 계획했다면 상황은 달라진다. 더 빨리 주변 정리를 하고 공부 준비를 마친 상태여야 한다.

요즘 나는 3주 프로젝트를 계획했다. 3주 동안 개인 저서 초고를 쓰는 일이다. 여유를 갖고 천천히 써도 되기는 하나 나는 그러지 않기로 했다. 마치 시험을 앞둔 학생처럼 개인 저서를 쓰기로 했다. 초고 완성일까지 목표 기한을 잡아 놓았다. 내 눈에 항상 보이게 책상 앞에 초고 완성 일자를 커다란 글자로 써 놓았다. 매일 보면시 시각화하는 것이다. 나에게 하는 긴장을 늦추지 말라는 경고이기도 하다. 목표한 날짜에 도달한 행복한 내 모습을 상상하기 위해서이다.

3주 동안 나는 시간을 어떻게 배분했을까? 나의 특급 노하우를 여러분에게 공개한다. 나는 온종일 원고만 쓸 수 있는 여건이 안 된다. 학교에서 학습 코치를 하고 있고 자원봉사도 주중에 정기적으로 하고 있다. 또한 주부로서 살림을 해야 한다. 그런 까닭에 3주 동안 친구과의 만남은 모두 자제한다. 사적인 일 대부분은 모두 자제한다. 시험을 준비하는 학생의 자세로 돌아간 것이다.

나의 월요일과 화요일 시간 배분은 이러하다. 오전 시간이다. 8시에 학교로 출근하여 1시간 학습 코치를 한다. 학교에서 바로 이동하여 자원봉사 2시간을 한다.

점심을 먹고 오후 시간 배분이다. 13시부터 17시 30분까지 다시 학교로 가서 학습 코치를 한다. 수업을 마치고 학교를 나와 가까운 도서관으로 간다.

저녁 시간 배분이다. 도서관에서 18시부터 20시까지 원고 1꼭지를 쓴다. 가족들 시간에 맞춰 20시에 집으로 들어간다. 저녁을 포함한 모든 집안 일을 23시까지 모두 끝낸다. 23시부터 다음날 새벽 1시까지 원고 1꼭지를 쓴다.

수요일과 목요일 시간 배분이다. 일주일에 3일만 일하는 나에게 수요일, 목요일은 자유로운 날이다. 나한테는 금쪽같은 황금 휴일이다. 이때 나는 총력을 기울여 원고 쓰기에 집중한다. 오전 시간 배분이다. 준비를 하고 9시에 도서관에 도착한다. 1시간 정도 경생 도서를 분석한다. 그런 뒤 10시~12시까지 집중하여 원고 1꼭지를 쓴다. 점심을 먹고 잠시 휴식한다. 커피를 마시며 도서관 공원을 배회하며 머리를 식히거나 책을 읽으며 동기 부여를 받는다.

오후 시간 배분이다. 머리를 식힌 뒤 다시 책상에 앉는다. 한두 시간 정도 다음에 쓸 꼭지를 위해 경쟁 도서를 분석하거나 사례 아이디어를 얻는다. 14시~18시까지 원고 1꼭지를 쓴다. 잠시 휴식 뒤 20시까지 원고 1꼭지를 더 쓴다. 그러고는 집으로 돌아간다. 23시까지 저녁을 포함한 집안일을 마무리한다. 23시부터 새벽 1시까지 원고 1꼭지를 쓴다.

다음은 금요일 시간 배분이다. 9시에 도서관에 도착한다. 1시간 경쟁 도서 분석을 한다. 10시~12시까지 1꼭지를 쓴다. 점심 식사 뒤 학교로 간다. 13시부터 17시 30분까지 학습 코치를 한다. 수업이 끝나고 도서관으로 직행한다. 19시까지 원고 1꼭지 쓴다. 금요일 나머지 시간은 개인 일정으로 원고 쓰기는 여기까지다.

토요일은 자기 계발을 하는 날이다. 평소에는 주로 개인 일을 보지만 최근 3개월간은 작가로서 강연가로서 더욱 성장하기 위해 교육 과정 몇 개를 등록하여 수강하고 있다. 토요일의 시간 배분이다. 오전에는 '유튜브 제작 과정'을 공부한다. 점심을 먹은 뒤 낮에는 '책쓰기 과정'을 듣는다. 저녁을 먹은 뒤 21시 30분까지 '책으로 꿈을 디자인하라'는 교육을 수강한다. 온종일 수업이 끝나고 분당에서 집으로 돌아오면 23시가 넘는다. 그런 까닭에 토요일만큼은 원고 쓰기를 쉰다. 도저히 체력이 달려서 쓸 수가 없다.

토요일은 자기 계발 작가로, 프로 강연가로, 1인 지식 기업가로 거듭나기 위해 확실하게 공부한다. 머리끝부터 발끝까지 다시 태어나자는 기분으로 철저히 훈련하고 있다. 그래서 작가 수업인 책 쓰기 과정을 등록하고, 스피치 유튜브 과정을 공부히고, 강연 학교, 책으로 꿈을 디자인하라, 카페 제작, 1인 지식 창업, SNS 마케팅 과정 모두를 이수했다. 완벽하게 실력을 갖춘 작가, 강연가, 기업가로 거듭나기 위해서다.

일요일의 시간 배분이다. 오전에는 개인 일정을 보고 14시에 도서관에 간다. 한두 시간가량 경쟁 도서를 분석하고 사례 아이디어를 얻는다. 14시~18시까지 원고 1꼭지를 쓴다. 간단하게 저녁을 먹은 뒤 1시간 동안 경쟁 도서를 훑어본다. 20시~22시까지 원고 1꼭지를 쓴다. 22시에 집으로 돌아와 휴식을 취한다. 일요일 낮과 저녁 시간만큼은 가족의 양해를 얻어 원고 쓰기에 전력을 다했다. 이것이 3주 동안 나의 초고 쓰기 목표를 위한 철저한 시간 배분의 예다.

시간을 계획하고 관리하는 면에서 실패하는 이유는 무엇일까? 우선순위의 부재다. 절박함의 부재다. 무리한 계획을 세웠을 경우이고 욕구 조절의 실패다. 시간 계획에 성공하기 위해서는 우선순위를 정해야 한다. 내가 실제로 사용할 수 있는 시간을 파악해야 한다. 실제로 소요되는 시간을 파악하고 구체적으로 계획해야 한다. 휴식 시간을 가져야 한다. 목표를 꼭 이루고자 한다면 계획을 대충 짜는 것이 아니라 시간 배분을 잘해야 한다. 시간대 별로 무엇을 어떻게 할 것인지를 구체화한다면 배가 목적지를 이탈하지 않고 계획대로 잘 운항할 것이다. 더는 목표가 없어서 방황하는 일은 없을 것이다. 반복적으로 시간 배분하는 연습을 하고 그에 맞게 자신을 훈련하다 보면 앞으로 무엇을 목표하든 시간을 배분하는 기술에 맞게 그대로 실천할 수 있을 것이다.

STEP 2 잠자는 시간을 줄이지 마라

공부하는 학생이라면 한 번쯤은 경험해 보았을 것이다. 시험 기간이 되면 불안하다. 그래서 계획을 철저히 짠다. 밤늦게까지 공부할 계획을 짠다. 심지어 시험 기간이 바짝 다가오면 그야말로 밤을 샌다. 심지어 잠 안 오는 약을 먹어 가면서 밤을 샌다. 하지만 정작 시험 당일엔 집중이 안 된다 시험을 보는 중에 눈이 스르르 감긴다. 시험 결과는 뻔하다. 또 그 성적을 면하지 못한다. 무엇이 잘못된 것일까. 자기 딴에는 밤새워 며칠을 공부했는데, 왜 성적이 오르지 않는 것일까. 우리의 신체는 생체 리듬이라는 것이 있다. 자야할 때, 먹어야 할 때, 일어나야 할 때, 평소 하는 습관을 생체 리듬이 기억을 한다. 몇 시쯤에 자고, 일어나고, 몇 시간 잠을 자는지 모든 것을 기억한다. 갑자기 시험 기간이라고 해서 잠자는 시간을 줄이면 생체 리듬이 깨진다.

'일찍 일어나는 새가 먹이를 먼저 먹는다.' '하루 세 시간만 자고 공부하면 대학 입학에 성공하고 네 시간 이상 잠자면 대학 입학에 실패한다는 말이 있다.' 공부 습관에서 일종의 사회적 관습처럼 되어 있었기에 일찍 일어나는 것은 당연시 되어 왔다. 하지만 과연 이 말이 모든 사람에게 해당될까?

틸 뢰네베르크는《시간을 빼앗긴 사람들》이라는 저서에서 현대 사회가 겪는 사회적 약속이나 문화 혹은 정치 경제적 이유 등으로 최상의 조건이었던 인간의 생체 시계가 어느 날 갑자기 방해를 받기 시작했다고 알려 준다. 한때《아침형 인간》이라는 책이 인기를 끌고 부터는 아침형 인간이 되고자 너도나도 시도했었다. 아침형으로 바꾸면 일의 효율성이 매우 뛰어나다는 것을 부각시켰기 때문이다. 하지만 어느 시점부터는 대부분 포기했다. 도저히 평상시처럼 일과를 편안하게 보낼 수 없기 때문이다. 사람마다 각자의 생체 시계가 존재한다. 올빼미형은 밤에 맞는 생체 시계가 있고 아침형은 아침에 맞는 생체 시계가 있다. 아침형과 저녁형을 논하려는 것이 아니다. 그만큼 잠자는 시간을 욕심내어 바꾸지 말자는 이야기다. 잠자는 시간을 억지로 줄이지 말자는 거다. 유전적 요인에 의해서도 인간의 생체 시계는 아침형 인간, 저녁형 인간 등 다양하게 나뉠 수 있다. 그래서 아침형 인간이라는 사회적 시계에 모든 인류의 생체 리듬을 꿰맞추는 것은 불가능하다.

학교 수업 중에 한 학생이 며칠을 두고 조는 모습을 보게 되었다. 왜 그렇게 조느냐고 물었더니 새벽까지 게임을 했다는 것이다. 평소보다 늦게까지 안 잤기 때문에, 평소보다 수면 시간을 급속하게 줄였기 때문에 수업 시간에 존 것이다. 정작 공부에 집중해야 할 시간인 낮에 부족한 잠이 몰려온다면, 그래서 공부에 큰 지장을 준다면 거의 하루를 망치게 된다. 며칠 잠을 줄였다면 부족한 수면은 하루만에 회복이 안 된다. 잠을 줄인 시간만큼 잠을 요구하기 때문에 푹 자야만 피로가 풀린다. 흔히 수면은 부채라고도 말한다. 잠에서 끌어다 쓴 시간은 결국 그만큼 돌려줘야 한다는 뜻이다.

나는 야행성이다. 저녁에는 정신이 맑은데 아침에는 도통 일어나기 힘들다. 반면 나의 남편은 아침형이다. 눈을 떠 보면 새벽같이 출근하고 없다. 아침에 일찍 일어나는 만큼 저녁엔 일찍 잔다. 아무리 할 일이 많고 할 일을 하려고 해도 졸려서 하지를 못하고 그냥 잠자리에 들어가 버린다. 나와는 반대인 것이다. 나에게 밤은 온전히 나만의 시간으로 최상의 시간이다. 밤에는 내가 원하는 모든 것을 할 수 있다. 대신 아침에는 아무것도 못한다. 제 시간에 간신히 일어나서 일하러 가는 정도이다. 새벽에 일어나는 사람들의 긍정적인 메시지가 너무 멋져 보여서 나도 한때 아침형 인간이 되려는 시도를 해 보았다. 그러나 기껏 3일밖에 못 했다. 낮에 병든 병아리 신세가 되고 말았기 때문이다.

아침에 일찍 일어나는 만큼 일찍 잠을 자야만 아침형 인간이 될 수 있다. 그러나 나는 달콤한 밤을 포기하지 않았다. 밤은 밤대로 다 찾아 쓰고 아침에도 일찍 일어나려고 욕심을 부렸으니 당연히 일주일도 못 버티고 실패를 한 것이다. 나의 실패 원인은 수면 시간을 줄인 것이다.

흔히 성공하고 경쟁에서 뒤처지지 않으려면 잠을 어느 정도 포기해야 한다고 말한다. 이는 잠을 줄여서라도 공부에 매진하라는 말이다. 그러나 절대 아니다. 잠은 줄이지 마라. 가급적 줄이지 마라. 잠을 왜 공부의 적이라고 생각할까? 절대 아니다. 효율적인 공부에 잠만큼 효과적인 특효약도 없다. 시험 기간에 집중력 약을 먹는 학생들이 있다. 기억력 약을 찾는 사람이 있다. 잠만 잘 자 봐라. 집중이 저절로 된다.

낮에 10분을 자고 일어나도 얼마나 집중이 잘 되는가. 밤에 잘 잔 잠은 그야말로 최고의 보약이다. 굳이 돈 주고 약 먹으려 하지 말자. 생리적인 현상을 인위적으로 바꾸지 말자. 깨어 있는 낮에 최선을 다해 공부하고 밤에는 최선을 다해 자자.

유난히 짜증을 잘 내고 학교 수업 중 집중을 못하는 아이가 있다. 이 아이는 십중팔구 잠을 제시간에 못 잔 아이다. 밤에 게임을 했다거나, 다른 무엇 때문에 못 잤을 거다. 이유야 어쨌든 원활한 잠을 못 잤을 때 정상을 벗어난 예민한 반응이 나타낸다. 며칠만 푹 재워 보라. 몰라보게 유해진다. 몰라보게 집중력이 좋아진다.

잠이 부족할 때 나타나는 부작용은 상당히 많다. 잠이 부족하면 집중력이 떨어진다. 집중력뿐만 아니라 인지력에도 문제가 발생하여 건망증은 물론 학습 장애를 유발할 수 있다. 사소하게 실수하는 일도 발생하는데, 대개 수면 부족으로 발생하는 일이다.

내가 흔히 느끼는 현상인데 잠이 부족하면 배고픔을 빨리 느낀다. 그 이유를 알아보니 수면 부족 때문에 배고픔을 촉진하는 그렐린 호르몬이 생기기 때문이다. 배고픔 현상은 결국 살찌는 현상으로 이어진다. 미를 관리하기 위해서는 역시 잠을 줄여서는 안 된다는 것이다. 혹시 가족이나 친구 관계가 소원해지는 것을 느끼는가? 자주 짜증을 내거나 감정이 건조해지는 느낌이 생기는가? 그런 현상 역시 잠을 줄여서 생긴 증상이다.

"산다는 것은 앓는 것이다. 잠이 열여섯 시간마다 그 고통을 경감시켜 준다." 샹플은 잠에 대해서 이렇게 말했다. 집중해서 공부해야 하는 시기. 신경 쓸 일도 많고 지속적으로 스트레스를 받아 정신적으로 힘들다면 푹 자라. 잠을 푹 자고 일어나면 개운해진다.

고통이 줄어든다. 잠은 피로한 몸과 마음까지 치유해 주는 확실한 명약이다. 잠을 줄여서 오게 되는 부작용을 절대 무시하지 말자.

STEP 3   장소를 옮기면 집중력이 높아진다

공부를 할 때 장소만큼 중요한 게 어디 있을까. 적어도 나한테는 그렇다. 급하고 어쩔 수 없는 상황이라면 시끄러운 광장에서 공부를 해도 머릿속에 쏙쏙 들어올 수 있다지만 평상시 공부를 해야 한다면 장소는 정말 중요하다. 마치 편안한 잠자리를 찾는 것만큼이나 공부하는 장소는 중요하다. 장소에 따라서 집중도에 차이가 생기기 때문이다.

학교에 다닐 때 시끄러운 교실에서도 항상 꿋꿋하게 공부하는 친구가 있었다. 볼 때마다 대단하게 생각했다. 워낙 우등생이고 말수가 없는 아이이다 보니 늘 그러려니 했다. 그런 친구는 장소가 중요하지 않을 만큼 집중력에 관해서 타고난 사람이다. 그러나 소음에 민감하고 집중력이 약한 사람이라면 장소에 대해 면밀히 살필 필요가 있다.

나는 성인이 된 뒤에도 항상 공부를 한다. 특히 요즘처럼 원고 날짜를 지정해 놓고 마감 날짜를 지켜야 할 때는 유독 집중력이 필요하다. 어수선한 상황에서는 글이 잘 써지지 않는다. 특히 하루에 수십 페이지나 되는 원고를 써야 할 때는 더더욱 장소나 환경이 중요하다. 촉박한 가운데 집중해서 글을 써야 할 때는 도서관이 참 좋다. 집에서 혼자 쓸 때는 집중력이 자꾸만 떨어진다. 그럴 때마다 뭔가 입이 심심하기도 하고 주위를 둘러보기도 한다. 그만큼 속도가 떨어진다. 그래서 급할 때는 무조건 나를 구속시켜 주는 도서관이 좋다. 도서관에 가면 거의 온종일 집중력을 유지할 수 있다. 짬짬이 쉬어만 주면 최상이다. 글을 쓸 때도 한 시간이 후딱 지나간다.

집에서 공부할 경우를 대비하여 난 여러 장소를 공부하는 곳으로 만들어 놨다. 대표적으로 거실이 공부 공간이다. 거실에는 소파나 TV가 없고 커다란 테이블을 놓았기 때문에 가족 누구나 책상에 앉아서 책을 보거나 컴퓨터를 할 수 있다. 거실이 가족들로 번잡스러워질 때면 나는 정원의 정자로 옮겨 간다. 정자에는 텐트를 쳐 놓았다. 텐트 안에 대형 좌식 테이블을 갖다 놓았기 때문에 공부에 바로 몰입할 수 있다. 무엇보다 텐트는 공간이 좁고 밀폐되었기 때문에 온전히 집중하기가 좋다. 어떤 것도 주의를 흐트러뜨리지 않는다. 가끔 고양이가 놀아 달라고 톡톡 건드릴 때를 빼고 말이다. 간혹 2층 방으로 올라갈 때도 있다. 딸이 해외에 나가고 비어 있는 방이다. 마지막으로 공부하기 좋은 최척의 장소는 나의 개인 별장 겸 사무실이다. 별장은 가정집이 아니기 때문에 허드렛일에서 자유롭다. 온전히 내가 하고 싶은 일에만 집중할 수 있다. 수년 전부터 나는 이런 공간을 간절히 바랐다. 공부하고 싶을 때 제대로 집중하고 싶었다. 보통 성인들은 공부가 본업이 아니기 때문에 항상 우선순위에서 밀린다. 그렇기에 공부할 때만큼은 몰입하고 싶었다. 별장 겸 사무실은 딱 그런 환경이다.

나한테 도서관은 최상의 공부 공간이다. 도서관 자체가 공부 분위기다. 너 나 할 것 없이 누구나 공부하기 위해 모여 있는 곳이다. 그런 공간에서 혼자 흐트러질 수 없고 산만해질 수 없다. 분위기에 나도 흡수된다. 같은 공부 환경에, 분위기에 함께 어우러지게 된다. 집중력은 마음의 근육이라고 했다. 환경은 집중력을 제공해 주고 집중력은 마음을 단단하게 해 준다. 우리는 집중하는 습관을 들임으로써 마음의 근육을 탄탄하게 훈련시키고 집중력을 발달시킬 수 있다.

책을 읽다 보니 어떤 사람은 공부하기 가장 좋은 공간이 지하철이라고 했다. 맞다. 지하철도 몰입하기는 아주 좋다. 지하철은 크게 떠드는 공간이 아니다. 크게 잡담하는 일도 별로 없다. 그러니 20~30분은 집중해서 내가 하고자 하는 공부에 몰입할 수 있다. 때로는 자동차 안도 좋다. 함께 공부하는 어느 작가 분은 의외로 자동차 안을 선호했다. 집에 도착한 뒤 주차장에서 30분에서 1시간 정도 원고를 쓰는데 자동차 안은 최고의 집중 공간이라고 한다. 해야 할 것이 뚜렷하니 다른 것에 신경을 빼앗길 일이 없다. 짧은 시간 동안 원고 몇 페이지만 쓰자 라는 각오로 집중해서 글을 쓰는 것이다.

나는 공부할 때마다 여러 군데를 돌아다니면서 공부한다. 그러면 집중력이 떨어지지 않고 계속 새롭게 공부할 수 있다. 집중력이 약한 사람에게 적극 추천한다.

공부하는 자녀를 둔 학부모라면 자녀가 공부하는 방이 있다고 해서 무조건 방으로만 밀어 넣을 필요는 없다. 아이가 원하는 대로 수시로 옮겨 다니며 공부하는 것을 허용하라. 때로는 TV 소리가 들리는 거실도 괜찮다. 약간의 소음은 오히려 집중력에 도움이 된다는 발표도 있다. 공부를 좋아하는 친구는 소음조차 못 느낀다. 아니 적당한 소음을 즐긴다.

고정 관념을 조금만 바꾸면 화장실, 소파, 공원, 길거리도 최적의 공부 장소가 될 수 있다. 화장실은 의외로 공부가 잘되는 곳이다. 욕조에 몸을 담그고 편안하게 눈을 감아 봐라. 긴장이 풀리기 때문에 공부한 내용이 머리에 쏙쏙 들어온다. 영어 단어나 문장을 귀로 들으면 책상 앞에서 하는 것 못지않게 집중이 잘된다. 자연의 소리가 들리는 공원도 공부하기 최적의 장소이다. 너무 조용한 것보다는 하얀 소리, 혹은 백색 소음이라고 하는 자연의 소리가 들리는 곳이 공부하기에 좋다고 한다. 바람 소리, 새소리, 풀벌레 소리 등 청각을 자극해서 집중력을 향상시키는 것이다. 나는 스마트폰에다 백색 소음 앱을 다운로드해 놨다. 가끔 집에서 공부할 때 자연의 소리를 틀어 놓고 공부한다. 그러면 정말 신기하게도 집중력이 높아진다.

요즘은 카페에 가서 공부하는 것이 대세다. 차도 마시고 온종일 자리도 확보하고 잔잔한 음악과 함께 적당히 떠드는 소음을 배경 삼아 공부에 빠져드는 것이다.

조용한 도서관에서 오랫동안 길들여진 나한테는 카페가 잘 안 맞는다. 사람들의 떠드는 소리가 영 귀에 거슬리기 때문이다. 나에겐 백색 소음이 아니라, 거슬리는 소음이다.

중요한 것은 나에게 맞는 공부 환경을 찾아야 한다는 것이다. 한 군데 오래 앉아서 공부하는 것이 썩 좋지만은 않기 때문이다. 아무리 집중이 잘 되는 도서관 일지라도 온종일 집중하기는 어렵다. 집중이 조금이라도 안된다 싶으면 잠시 장소를 옮겨서 정신을 환기시키는 것이 좋다. 장소를 옮기고 환경에 맞춰서 공부하면 집중이나 기억에도 더 유리하다. 자! 오늘부터 장소를 옮기면서 집중해 보는 것은 어떨까.

STEP 4 각 과목에 맞는 전략을 세워라

과목별 공부를 어떻게 해야 할지 고민을 하는 친구가 많다. 공부를 능숙하게 하는 친구라면 모를까 대부분은 늘 해도 어려운 것이 공부다. 어떻게 하면 과목별 공부를 쉽게 할 수 있을까. 고민할 필요 없다. 과목에 맞는 전략을 각각 세우면 된다. 전략은 공부를 효과적으로 하기 위해 계획하고 조직하고 수행하는 과정이다.

혼자 힘으로 과목별로 전략을 짜기가 어려운가? 그렇다면 선생님에게 물어볼 수도 있다. 아니면 서점에 가서 공부법에 관한 서적을 뒤적여 보라. 인터넷 검색도 좋다. 최소한의 노력을 해 보라. 그러면 더 적극적인 방법을 찾기 위한 다른 행동으로 발전할 것이다.

영어 공부는 어떻게 할까? 대체적으로 우등생에게는 공통점이 있다. 이들은 단어만큼은 철저히 외운다. 하루에 적어도 20~30개씩 꼭 외운다. 잠을 못 자더라도 자신과의 약속을 꼭 지킨다. 오늘은 30개 내일은 30+30= 60개, 모레는 60+30=90개, 외우는 단어의 개수가 누적되고 그것을 매일 반복한다. 일주일이면 200여 개 한 달이면 500개 이상 단어를 암기하게 된다. 이렇게 외우다 보면 단어만 봐도 본문 몇 페이지 몇 번째 줄에 있는지 기억할 정도다. 이때 주의할 점은 본문을 충분히 분석한 뒤에 암기를 해야 한다는 것이다. 분석도 하지 않은 채 무작정 암기한 것은 금세 잊어버리기 십상이다. 스스로에게 질문하면서 암기하라. 스스로에게 질문을 하면 사고하게 된다. 생각하고 대답하는 기능을 이용하여 잊어버리지 않는다. 발음은 우리말과 연관시켜서 암기하고 영어 회화를 자주 사용하라. 그 외에도 영어를 잘할 수 있는 전략은 다양하다. 사람의 성향이나 스타일에 따라 방법은 달라질 것이다.

사회는 다음과 같이 공부하자. 효율적인 암기를 위해서는 학습 내용에 관한 충분한 이해를 바탕으로 암기해야 한다. 용어의 개념을 명확히 이해해야 한다. 개념과 개념을 연결하거나 개념도를 만들어서 암기하는 방법도 있다.《전교 1등의 책상》이라는 책에서 한 공부의 신은 이렇게 말했다. "교과서를 읽으면 굳이 힘들여 외우지 않아도 맥락이 잡혀서 공부 시간이 짧아져요. 시험 보기 전에 교과서를 최소 다섯 번씩 읽는데 처음 한두 번은 소설책을 읽듯이 술술 읽어요, 전체적인 줄거리가 잡히면 밑줄을 그으면서 읽고요. 그러고 나면 시험에 나올 법한 중요한 내용이 눈에 보여요. 나중엔 그것만 쓰면서 외우죠.” 나름대로 공부법에 관한 자기만의 노하우가 있을 것이다. 옳다고 여기는 공부법은 굳이 바꾸지 않아도 된다. 내가 해서 점수가 잘 나온다면 그것이 나에게 맞는 방법이다.

수학은 교과서가 필수다. 교과서로 기본 개념을 확실히 잡아야 한다. 그래야 복잡한 문제도 실타래 풀듯 차근차근 풀어 나갈 수 있다. 기출문제를 풀다가 막히는 문제가 나오면 교과서를 옆에 놓고 개념을 확인해야 한다. 차근차근 교과서로 개념부터 공부하면 기초가 확실히 잡힌다. 어느 정도 수학의 공포에서 벗어날 수 있다. 수학 공부를 할 때 중요한 것은 문제를 풀 때 절대 답안지를 보지 말라는 것이다. 답이 궁금하여 답안지를 펼쳐 놓고 수시로 확인해 가면서 풀면 나중에 틀릴 확률이 높다. 문제를 익히려고 푸는 것이지 다음에 또 틀리려고 문제를 푸는 것이 아니다. 그러니 답이 궁금하다고 빨리 답안지를 보는 것을 삼가자. 정 문제가 풀리지 않을 때는 선생님에게 물어보는 것이 가장 좋다. 선생님은 답안지처럼 친절하지 않다. 처음부터 끝까지 다 보여 주는 것이 아니라 내가 왜 틀렸는지 어느 부분이 틀렸는지 그 부분만 딱 집어서 설명해 준다. 그런 까닭에 다음부터는 또 틀릴 확률이 적어진다. 선생님이 답안지보다 훨씬 좋지 않은가. 많이 귀찮게 하라. 선생님은 학생을 위해서 존재하는 사람이다.

국어 공부는 어떻게 하면 좋을까. 국어의 밑바탕은 독서다. 평소 독서를 즐겼다면 국어는 덤이다. 책을 읽을 때 자기가 좋아하는 장르가 있을 것이다. 그럼에도 불구하고 일단은 소설류를 많이 읽는 것이 학습에 도움이 된다. 대부분 교과서에 언급하는 것이 소설류이고 다양한 표현과 문체를 접할 수 있기 때문이다. 나는 소설을 읽을 때는 손에 잡히는 대로 눈이 가는 대로 읽는 것이 아니라 저자를 따라 책을 읽는다. 저자를 따라 작품을 읽다 보면 저자의 문체에 익숙해지기 때문에 다음 작품을 읽을 때도 훨씬 이해하기가 쉬워진다. 또한 그 시대상도 쉽게 파악할 수 있게 된다. 소설을 읽을 때 유의할 점이 있다. '이 작품은 어떤 유형인가?' '이 작품이 나에게 주는 감동은 무엇인가?' '내가 이 작품에서 배워야 할 것은 무엇인가?' '이 작품을 읽고 남는 것은 무엇인가?' 같은 점에 유의하면서 읽으면 도움이 될 것이다.

위인전도 소설 못지않게 중요하다. 위인은 우리에게 본을 남긴 사람이다. 그런 까닭에 간접적인 경험을 통해 교훈을 얻을 수 있다. 위인전을 읽을 때 이런 점에 유의하자. '주인공의 어린 시절의 생활상은 어떠했는가?' '주인공은 어떤 고생과 역경이 있었는가?' '주인공이 성공하게 된 계기는 무엇인가?' '주인공이 성공하게 된 원인은 무엇인가?' '주인공이 오늘날까지 존경받는 이유는 무엇인가?' '주인공은 언제 어디서 어떤 일을 하여 빛을 발하였는가?' '주인공에게서 나는 무엇을 배워야 하는가?' '주인공이 살았을 당시와 오늘날을 비교해 보고 어떤 점을 본받아야 하는가?'

과학도 결코 쉬운 과목은 아니다. 그런 까닭에 반드시 전략을 갖고 있어야 한다. 과학 관련 교양서적을 많이 읽어 두는 것도 좋은 성적을 유지하는데 도움이 된다. 과학 잡지를 통해서 관련 분야에 관한 트렌드를 익힐 수 있다. 또한 다양한 교양서로 기초 지식과 관련된 인물에 대한 배경지식을 쌓을 수 있다. 이런 방식은 자연스레 학업으로 연결된다. 과학을 공부할 때는 이런 점에 유의하자. 실험을 집중적으로 공부하자. 할 수만 있다면 다양한 실험을 직접 해 보자. 이야기로 만들어서 암기하자. 말로 뱉으면서 암기하면 효과는 두 배이다. 그림으로 만들어서 암기하자. 시각화는 기억에 오래 남는다. 실험과 관찰을 통해 원인과 결과를 생각하면서 암기하자. 실제로 해 보는 것만큼 확실한 공부는 없다. 그래프, 도표, 그림을 암기하자. 이런 것들은 시험에 꼭 등장한다. 오답 노트를 만들고 취약 부분을 암기하자. 오답 노트의 필요성과 중요성은 매번 강조해도 부족함이 없다.

지금까지 과목에 맞는 전략을 세워 봤다. 전략은 사람마다 다르게 짤 수도 있다. 이 방법이 모두에게 맞는 것은 아니다. 공부하는 우리의 태도가 전략보다 훨씬 중요하다. 이왕 하는 공부, '공부가 어렵다, 재미없다'는 식으로 부정적 사고의 틀에 메이지 않도록 조심하자. 공부의 신들은 대부분 공부를 즐겁게 한다. 재미있다고 스스로 암시한다. 세상의 모든 일은 자신이 생각하기 나름이다. 어떤 일이든 한계란 없다. 한계는 자신이 만드는 것이다.

STEP 5   좋아하는 과목부터 공부하라

공부는 좋아해야 한다. 사람도 좋아야 만나고 싶고, 함께 이야기하고 싶은 것처럼 공부도 그렇다. 사람이 싫으면 함께 숨 쉬는 것조차 힘든 것처럼 공부가 싫으면 돌아보기도 힘들고 재미없다. 어떻게 해야 공부가 재미있어질까? 어떻게 해야 공부를 재미있게 할 수 있을까? 방법은 간단하다. 좋아하는 과목부터 공부하자. 좋아하는 과목이다 보니 그 과목만큼은 어떻게 공부해야 성적이 잘 나오는지 파악하고 있을 것이다. 공부에 소요되는 시간도 그리 오래 걸리지 않는다. 좋은 사람과 함께 있으면 시간이 빨리 가 버리는 것과 마찬가지다.

　나는 개인적으로 사회 과목을 참 좋아했다. 좋아했다기보다는 사회 과목만큼은 시험을 잘 보는 요령을 빨리 터득했다. 그래서 시험 기간이 되면 그 과목부터 한다. 재미있고 수월하게 다음 과목으로 넘어갈 수 있고 목표 시간, 날짜에 빨리 다가갈 수 있다. 수학이 중요 과목이라고 해서 싫어하는 과목인데도 불구하고 마냥 수학만 붙들고 있다면 어떻게 될까? 당연히 진도가 안 나간다. 점점 공부가 지겹고 싫어진다. 시험 날짜는 다가오고 아직 한 과목도 끝내지 못했다고 자포자기 하게 된다. 공부할 맛이 점점 안 난다. 더군다나 수학이라면 아예 포기하고 덮어 뒀던 과목인데 시험공부랍시고 찬찬히 들여다본들 좋은 수가 생길 리 없다. 계속 떨어지는 점수에 부정적 감정이 생기고 자존감만 떨어진다. 시험공부를 하는 상황에서 결코 좋은 방법이 아니다. 반대로 좋아하는 과목을 공부하면 이것도 알고 저것도 알고 많은 범위를 외워 가고 있다는 사실에서 자존감이 쑥쑥 상승한다. 어떤 상태에서 시험공부를 할 것인가. 기운 빠지고 낙담한 상태에서 공부를 붙들고 있을 것인가. 자신감이 올라간 상황에서 기분 좋은 시험공부를 할 것인가?

　나는 학교에서 학습 코치를 할 때도 아이들에게 좋아하는 과목이 무엇인지 물어본다. 그래서 아이가 좋아하는 과목부터 선택해 조금씩 맛을 보게 한다. 분명히 칭찬받는 일이 잦아진다. 그러다 보면 자신이 진짜로 똑똑한 줄 안다. 의기소침해 있던 아이들이 내 시간에는 천재가 되어 돌아간다. 나는 좀 과하게 칭찬하는 편이다. 세상에 칭찬을 싫어하는 사람은 단 한 명도 없다.

나도 어릴 적에 선생님에게 받은 칭찬을 아직도 기억하고 있다. 지금까지 말이다. 칭찬 듣는 그 순간만큼은 내가 진짜 특별해진 것 같은 착각에 빠진다. 내게 유일하게 힘을 주고 내가 고개를 들게 한 것이 바로 칭찬이다.

지금도 매주 한 번씩 만나는 현수라는 아이가 있다. 가족 불화로 아버지하고만 살고 있다. 외관으로 봐도 심리적으로 상당히 어려운 가운데 있다. 눈도 똑바로 못 쳐다본다. 학교 담임한테는 자주 혼이 나서 아예 주눅이 들어 있다. 이해력도 상당히 떨어진다. 정상과 특수의 경계선으로 보인다.

현수는 평소에 상당히 착하다. 그러나 그건 나와 둘이 있을 때만 그렇다. 아이들과 있을 때 화가 나면 자기보다 약한 아이를 공격한다. 평소 모습과 전혀 다른 모습을 보인다. 보통 이런 경우 폭행이나 폭력은 부모에게서 학습이 된 것이다. 부모님이 자주 다투거나 폭력을 목격했거나, 자신이 폭력을 당한 피해자인 경우다.

학교에서 단기적으로 행복해지게 하는 방법은 아이가 좋아하는 것을 찾아 주고 발견하는 것이다. 꼭 공부가 아니어도 좋다. 사실 이 아이에게는 공부가 별 의미 없다. 일단은 공부 욕심을 버리고 아이와 눈높이를 맞출 교구를 찾아 온다. 생각 이상으로, 기대치 이상으로 잘할 경우 과하게 칭찬해 준다. "선생님은 우리 현수 같은 아이

처음 봤어" "너 정말 천재 아니야?" 잠시 아이는 눈에서 웃음이 번진다. 나에게 눈길을 준다. 목소리가 조금씩 커진다.

자신이 좋아하는 것은 그만큼 의욕을 상승시킨다. 재미를 준다. 더 하고 싶다는 호기심을 자극한다. 공부에서 바로 이런 효과를 보자는 것이다. 자신이 좋아하는 과목부터 공부를 하면 적어도 공부에 질리지는 않는다.

서울 E고등학교에서 진로 교육을 할 때였다. 하루 8시간이라는 긴 시간 동안 강의를 하고 마지막 1시간은 학생들을 개별 컨설팅하기로 했다. 대부분 대학 진학 진로 고민을 상담해 주는 컨설팅이다. 나는 내심 걱정이 앞섰다. 학생들을 가르치면서 진로를 진지하게 고민하는 학생들을 의외로 많이 만났기 때문이다. 혹여 아이들의 고민을 100% 충족시켜 주지 못하면 어쩌나 하는 불안감이 나를 압도했다. 모든 아이를 하나도 빠뜨리지 않고 돕고 싶다는 욕심이 생겼다. 아이들의 고민을 충분히 처방해 주기 위해 공부 관련 책 대여섯 권을 인터넷에서 구매했다. 더 많은 정보와 힌트를 얻어 아이들에게 정보를 전달해 주고 싶었다. 집에 택배가 도착하자마자 책을 싸들고 도서관으로 향했다. 집에서 읽으면 나태한 태도 때문에 진도가 잘 나가지 않는다. 그래서 어느 정도 나를 조이는 도서관에서 맘먹고 책을 읽어야 했다. 왜냐하면 강의 날짜가 일주일밖에 남지 않았기 때문이다.

평소 나는 책을 많이 읽는 편이 아니었다. 대부분 계절에 어울리는 책을 읽는 편이었다. 주로 겨울과 봄에는 끊임없이 책을 읽는다. 그런가 하면 여름, 가을에는 거의 책을 가까이 하지 못한다. 시골이라는 특성상 주로 농사 같은 들일, 학교 수업 등 할 일이 산더미처럼 밀려 있기 때문이다. 책을 좋아한다면 그런 와중에도 책을 끼고 살았을 텐데, 나는 그렇게 하지를 못했다. 늘 마음만 앞섰다.

구입한 책을 도서관에서 읽기로 작정했다. '하루에 한 권씩 읽으리라!' '정말 가능할까?' 하며 내심 걱정했다. 하지만 난 해냈다. 일주일 동안 하루 한 권씩 읽어 나갔다. 너무나 기특하고 대견했다. '아. 나도 하루에 한 권씩 읽는 것이 가능하구나.' 나에 대한 새로운 발견이었다. 아이들을 절실하게 돕고 싶은 마음이 진도를 나가게 했다. 사실 나는 평소 책을 빨리 읽어야 3일에 한 권 읽었다. 그렇지 않으면 일주일에 1권. 크게 의미를 두지 않고 읽으면 어쩔 때는 한 달도 걸렸다. 그런 내가 하루 한 권이라는 목표를 달성했다. 그렇게 할 수 있었던 비결은 뭘까? 내가 읽고 싶은 책을 먼저 읽었기 때문이다. 그러면 속도가 빨라진다. 내가 읽고 싶은 책은 술술 읽힌다. 아무리 두꺼워도 말이다. 한 권을 극복하면 다음으로 읽고 싶었던 책을 정복한다. 그렇게 한 권 한 권 대여섯 권을 금새 읽을 수 있다. 얼마나 신나는가. 평소 불가능해 보였던 일이 좋아하는 것부터 시도했더니 불가능이 가능으로 바뀌었다는 사실.

자신을 무조건 부정하지 마라. 안된다고 무조건 포기하지 마라.

나처럼 새로운 발견을 할 것이다. 그러니 공부할 때 어려운 과목만 붙들고 씨름하지 말자. 좋아하는 과목 먼저 품에 안고 그 과목에 따뜻한 눈길을 주어라. 빨리 스킨십에 진입하라, 책과의 교감은 그 야말로 정신적으로 내적으로 최고의 행복감을 안겨 줄 것이다. 알면 알수록, 보면 볼수록, 하면 할수록 더 하고 싶어진다. 잠시도 눈에서 떨어지고 싶지 않을 것이다. 공부의 재미가 바로 이런 맛이다. 한번 시도해 보자. 좋아하는 과목부터 당장 해 보자.

STEP 6 예습, 복습 중 하나는 꼭 하라

　　학생이라면 누구나 우등생이 되고 싶을 거다. 그만큼 우등생은 아무나 되는 것이 아니다. 우등생이 되는 비결이 따로 있을까? 당연히 있다. 학교에 다닐 때 귀에 딱지가 앉을 정도로 듣던 말, 바로 예습 복습이다. '아휴, 예습 복습을 언제 다 하나…….' 잠시 이런 고민이 생길 것이다. 예습, 복습을 두 가지 모두 하면 물론 훌륭하다. 하지만 둘 중에 하나만 해도 무방하다. 예습을 못했다면 아니 예습의 필요성을 못 느낀다면 복습만 해도 된다. 자기에게 맞는 스타일이 있을 것이다.

수원에 살고 있는 친구가 있다. 그 친구의 아들은 워낙 어릴 때부터 명석하였다. 외동아들이라 사랑도 독차지하였다. 엄마와의 관계가 너무 살가워서 예뻐 보이는 모자 관계다. 고3이 되도록 아들만 끌어안고 잤다고 하니 얼마나 좋은 관계인지는 한눈에 알 정도다. 그 아들은 학교에서 항상 전교 1등의 자리를 꿰차고 있다. 비결이 궁금하여 물어보았다. 매 수업이 끝나고 난 뒤에는 일어나지 않고 쉬는 시간 5분은 복습하고 5분은 휴식을 한다고 했다.

친구의 아들은 매일매일 수업을 완벽하게 이해하는 것은 물론 거의 암기했다고 하는데, 어떻게 그런 일이 가능했을까? 보통의 학생들이라면 수업 내용을 70% 이해하기도 힘들 텐데 말이다. 이해력이 떨어지기도 하지만 대부분 수업에 집중하는 것조차 힘들어했다.

여기에 복습의 이유가 있다. 수업 시간 중 선생님이 다른 아이의 자리로 가서 질문에 답해주느라 공백이 생길 때, 혹은 잠깐 쉬기라도 할 때 몇 분의 틈이 생기게 마련이다. 이런 시간을 놓치지 않는 것이다. 방금 선생님이 했던 말을 복습 차원에서 다시 몇 번씩 되새겼다고 한다. 수업을 하다 보면 중간중간 이런 틈이 종종 생기는데, 친구의 아들은 이 틈을 타서 중요한 부분이나 잘 모르는 부분은 표시를 하면서 정리를 했단다.

수업 뒤 5분 복습의 중요성을 실험한 예다. A와 B 두 집단이 있었는데 A집단 학생들은 수업이 끝난 직후 5분 동안 복습을 시켰다. B집단 학생들은 수업이 끝나고 따로 복습을 안 시켰다. 그렇게 6주간을 계속 실험을 한 뒤 시험을 치렀다. 결과는 확연했다. A집단 학생들 성적이 B집단 학생의 성적보다 1.5배나 높았다. 이 사실은 복습의 효과가 어마어마하다는 것을 증명한다.

복습은 누구나 해 보았을 것이다. 수업이 끝난 직후에 잠깐 복습을 하면 수업 중에 강조한 중요한 것을 대부분 기억할 수 있다. 쉽게 따로 메모도 할 수 있고 특이하게 기억할 만한 부가 설명도 적어 넣을 수 있다. 몇 개월이 지나서 그 부분을 공부할 때 다시 읽어 보면 금세 기억이 난다. 그때 선생님의 표정이나 상황 설명이 어제 일처럼 생생하게 기억난다. 시험공부를 할 때 매우 유리하다. 그러나 수업이 끝나고 복습을 전혀 안하면 상황이 달라진다. 시험이 임박해서 그 부분을 다시 보면 모두가 생소하다. 거의 기억이 안 난다. 완전히 새로 공부하는 기분이다.

복습을 한 번 했다고 그 내용을 전히 내 기억에 저장할 수 있을까? 그건 아니다. 반복 복습이 중요하다. 기억한 후 1시간 뒤에 절반을 망각하는 것이 보통 인간이다. 주기적으로 반복해야 장기 기억으로 남는다. 에밍하우스의 망각곡선을 참고해 보자. 수업 직후 5분 복습을 한다. 1일 뒤 복습, 하루가 지난 뒤에 다시 복습을 한다. 1주일 뒤 복습 또 일주일 뒤에 복습을 다시 한다. 1달 뒤 복습 또한 달 뒤에 다시 복습을 한다. 이렇게 반복 복습을 하면 장기 기억으로 넘어간다. 아주 오랫동안 잊어버리지 않는다. 시험을 봐도 거뜬히 우수한 성적이 나온다. 복습은 빨리 할수록 자주 볼수록 효과가 높다. 서울대학교 학생 385명을 대상으로 조사를 하였다. 그중 355명이 복습하는 시간을 목숨처럼 여겼다는 통계가 나왔다. 그만큼 공부는 복습이 중요하다. 공부는 자기 것으로 만드는 시간을 통해 완성되기 때문이다.

수업 시간에는 어떻게 집중할 수 있을까? 수업에 몰입할 수 있는 방법이 있다. 우선 선생님과 눈을 마주쳐라. 눈싸움을 해도 좋다. 죽어라고 뚫어지듯 봐라. 그래야 선생님 말에 주의를 기울일 수 있다. 필기한다거나 책을 뒤적거린다고 고개를 숙이는 순간 금세 잡생각이 스멀스멀 들기 시작한다.

모르면 질문하자. 내성적인 성격 탓이라고 질문하기를 회피하지 말자. 알고자 하면 자동적으로 질문하게 된다. 아는 사람이 질문을 하지 모르면 질문도 할 수 없다. 선생님의 질문에 대답하라. 알고 있으면 안다고 대답해라. 그래야 선생님은 신이 나서 가르친다. 맞장구는 상대에 대한 최고의 선물이자 예의다. 선생님의 좋은 점을 보아라. 안 예뻐도 의도적으로 선생님의 좋은 점을 찾으려고 하자. 선생님이 싫어지면 과목도 싫어진다. 공부를 잘하려면 먼저 선생님과 친해져야 한다. 선생님이 좋아야 한다. 애써 부정적인 면을 찾아내어 해당 과목까지 싫어지게 하지 말자. 과목이 좋아야 공부할 맛이 난다. 선생님이 좋아야 공부할 맛이 난다.

복습은 어떻게 할까? 가장 효과적인 방법은 남에게 가르쳐 보는 것이다. 남에게 가르치려면 먼저 정확히 알아야 한다. 우선 내 방식으로 먼저 공부를 한다. 그런 다음 소리 내어 가르치다 보면 중요한 점은 강조할 것이고 강조하면서 내 기억이 인식을 하게 되는 것이다. '아 이거 중요한 거지?'라면서 말이다. 내가 가르치면서 나 역시 배운다. 2중으로 공부하고 2중으로 효과를 얻는 셈이다.

또한 개념 정리를 반드시 하자. 가끔 개념도 파악하지 않은 채 마구잡이로 들이대는 경우가 있다. 그러면서 공부가 어렵다고 하소연 한다. 공부의 가장 기본은 개념을 파악하는 것이다. 문제를 풀면서 오답을 확실히 처리하자. 오답 노트를 따로 만들자. 평소 틀렸던 문제를 또 틀리게 마련이다. 그것을 방지하기 위해 오답 노트를 정리해야만 한다. 틀린 문제 위주로 어느 부분에서 왜 틀렸는지 색깔 펜을 이용하여 정리한 뒤 자주 들여다보자. 그러면 반드시 실수를 피해갈 것이다.

교과서를 읽고 나만의 복습 노트를 만들자. 공부의 신들은 자기만의 복습 노트가 따로 있다. 수업이 끝나고 복습할 때 복습 노트에 꼼꼼하게 옮겨 적는다. 물론 중요도와 기억이 필요한 것, 헷갈리는 것을 구분하기 위해 색깔 펜은 기본으로 쓴다. 그렇게 하여 모르는 것을 완전히 내 것으로 확인하고 넘어가야 한다.

　복습이나 예습을 할 때 놓칠 수 있는 자투리 시간을 활용하자. 이를테면 걸어 다닐 때도 그냥 시간을 버리지 말고 영어 단어 몇 개를 외우거나 오늘 공부할 계획을 생각하며 걷는다. 점심을 먹고 난 뒤에도 남는 시간에는 복습이나 예습을 한다. 등·하교 때 버스나 전철을 타고 다니는 시간에도 간단하게 복습하면 좋다. 자율학습 시간을 이용해도 좋고 휴식 시간 중 남는 시간을 활용할 수도 있다. 화장실에 앉아 있는 시간도 뺄 수가 없다. 아빠들은 화장실에 갈 때 신문을 갖고 들어간다. 이유가 있다. 잠깐 읽기에 집중도가 아주 좋기 때문이다. 놀고 있는 자투리 시간을 예습이나 복습 시간으로 활용하면 효과가 의외로 좋다는 것을 나는 늘 경험한다.

STEP 7 지킬 수 있는 주간 계획표 짜기

학교에서 아이들에게 계획표를 짜 보라고 하면 대부분 비슷한 계획표를 짠다. 계획표를 하도 많이 짜 봐서 얼렁뚱땅 쉽게 잘도 짠다. 사실 계획을 세운다기보다 그림 그리기에 가깝다. 원 모양에다 시간 표시를 한 뒤 칸을 쭉쭉 그어 가며 꿈나라, 밥 먹기, 공부, 놀기, 밥 먹기, 공부 등 생각 없이 뚝딱 금세 그린다. 계획을 지키겠다는 것인지 지키지 않겠다는 것인지 지나치게 형식적이다. 자신이 하고자 하는 공부를 친절하게 계획하지 않는다. 선생님한테 검사 맡기 위한 계획표를 짠다.

주간 계획표를 짤 때도 마찬가지다. 국어 문제집 2권 풀기, 수학 100문제 풀기, 영어 교과서 통째로 외우기 등 거의 불가능한 계획을 세운다. 이렇게 계획표를 짤 때 마음은 좋게 출발했을 것이다. 대단한 각오로 눈에 레이저를 켜고 무슨 일이 있어도 꼭 지킬 듯 말이다.

나도 중·고등학교 때 계획표를 색색이 예쁘게 그려서 책상 앞에 붙여 뒀던 기억이 난다. 한동안은 그 계획표를 볼 때마다 흐뭇했다. 일단 그려 놓은 계획표가 완벽했고 예뻤다. 계획표대로 실천할 생각을 하면 저절로 입에 미소가 지어졌다. 그러나 그것은 얼마 못 갔다. 이런 말이 있다. '계획표는 지키라고 있는 것이 아니라 못 지키니까 있는 것이다.' 얼마나 계획표 지키기가 힘들면 이런 말까지 생겼을까 싶다.

한때는 욕심만 앞서서 무작정 빡빡한 계획표를 작성했었다. 이렇게 하면 될 것 같은 마음에 멋지게 계획표를 짰던 것 같다. 아마 계획표를 지키는 정성보다도 작성하는데 더 많은 정성과 시간을 쏟았던 것 같다. 매일 계획표를 짰다고 해도 과언이 아니다. 누구나 한 번쯤은, 아니 여러 번 이런 경험을 하였을 것이다.

나는 지금도 주간 계획표를 갖고 있다. 계획한 것에 맞춰서 나의 일과가 진행된다. 오늘 해야 할 목표가 눈에 보여서 좋다. 마음 자세가 긴장 태세로 갖춰지는 것이 좋다. 성과가 좋으면 좋은 대로 성과가 별로면 별로인 대로 계획표에 따라 성실히 임했다는 자체가 나를 만족스럽게 한다. 특히 원하는 목표에 도달했을 때는 그 행복감이 이루 말할 수 없이 좋다. 반면에 계획표가 전혀 없이 일상으로 돌아가면 그 편안함이 오래 가지 못한다. 삶이 공허해진다. 시간을 낭비하는 것 같고, 무의미하게 보내는 것 같다. 존재감이 사라지는 것처럼 허무해진다.

나는 웬만하면 주간 계획표를 짜서 스마트폰에 저장한다. 항상 계획표가 내 손안에 있다. 그래야만 내 일과를 한눈에 볼 수 있고 늘 그것에 대해 생각할 수 있다. 시간대 별로 할 일을 선명하게 알 수 있으므로 시간을 낭비하지 않는다. 심지어 노는 계획표까지 첨가했으니 공부할 때는 공부만 하고, 놀 때는 확실히 놀기만 하면 된다. 성인이 되어서 정말 알찬 계획표, 보이기 위한 계획표가 아니라 지키기 위한 계획표를 짜니까 훨씬 편리하고 적용하기 좋다. 맞다. 계획표는 단지 보이기 위해 멋지게 짜는 게 목적이 아니다. 실생활에서 지킬 수 있는 그런 계획표를 짜야 한다.

중 · 고등학교에서 자기 주도 학습 캠프를 여러 번 했다. 자기 주도 학습을 가르치다 보면 주간 계획표 작성하는 법을 꼭 집고 넘어간다. 표로 만들어진 빈 여백의 주간 계획표 활동지와 색깔 펜을 나눠 준다. 계획표를 어떻게 짜야 하는지 충분히 설명해 주고 작성하라고 한다. 완성한 계획표를 살펴보면 정말 활용하기 좋게 그린 학생은 몇 없다. 대부분 공통적으로 뭉뚱그려서 작성했다.

똑같은 설명을 듣고 계획표를 짰는데도 어떤 아이는 엉성하게 계획표를 그리는가 하면 몇 명은 착실하고 꼼꼼하게 주간 계획표를 짠다. 이 아이들의 특징은 주간 계획표 짤 때 유의할 점을 잘 듣고 적용한다는 것이다. 주간 계획표를 짜는 이유가 있다. 일주일 동안 뭐하고 지내는지 궁금해서 계획표를 짜라는 게 아니다. 내가 사용하는 시간 중에 고정 시간은 어떻게 되고 가용 시간은 얼마나 되고 자투리 시간은 얼마나 확보할 수 있는지를 알아야 하고 골든 타임은 어느 시간대인지 확인하기 위해 짜는 것이다. 그래야만 내 시간 중에 줄줄이 새어 나가는 자투리 시간까지 꽉 잡을 수 있기 때문이다.

주간 계획표를 작성하는 방법에 관해 구체적으로 알아보자. 일주일 동안 공부할 내용을 중요한 순서대로 적는다. 공부할 내용과 분량을 구체적으로 적는 것이 중요하다. 이때 필요한 시간은 10분 단위로 적는다. 이를 테면 20분, 30분, 1시간 10분 등, 공부할 분량은 활용할 수 있는 총 시간의 70~80% 정도만 사용하여 학습할 내용을 배치한다. 사이사이에 휴식 시간도 약간 필요하다. 처음부터 욕심을 지나치게 부리면 실패하기 쉽다. 계획을 세우는 것은 절대 남에게 보이자는 것도, 멋을 부리자는 것도 아니다. 실제로 실천할 수 있도록 짜서 실행하는 것이 중요하다. 특히 토요일 오후나 일요일은 예비 시간으로 비워 두는 것이 좋다.

계획은 목표를 달성하는 과정이자 목표를 달성하기 위해 수단과 방법을 조직하는 것이다. 행동하기 전에 무엇을 어떻게 해야 하며, 어떤 절차를 택하고 따라야 하는지 구체화시키는 것이다. 계획은 목표를 효과적으로 달성하게 한다. 시간과 물질과 노력을 최대한 절약하게 한다. 학생들 중에는 자기 나름대로 학습 계획표를 작성하면서 공부하는 경우도 있지만 그렇지 않은 학생도 꽤 많다. 주간 계획표 작성 방법을 몰라서 그럴 수도 있고, 알면서도 실천하지 못해 포기하는 경우도 있다. 명문대학교에 진학한 학생들의 공통점은 학습 계획표를 작성하고 실천했다는 점이다. 상위권 도약을 바란다면 계획표 작성은 필수적이다. 주간 계획표 작성시 고려해야 할 사항이다.

첫째, 공부할 때의 목표가 구체적이고 분명해야 한다. 계획표 작성은 학습 목표를 효율적으로 달성하기 위해서 작성하는 것이다. 그런 이유로 학습 목표가 구체적일 때 계획표도 구체적이게 된다.

둘째, 시간의 양적인 면뿐 아니라 질적이 면도 고려해야 한다. 책상 앞에 단지 오랫동안 앉아 있으면서 공부를 많이 했다고 스스로를 위안하는 아이가 있다. 그러나 공부는 집중이다. 셋째, 자신의 능력을 벗어난 무리한 학습 계획을 세워서는 안 된다. 넷째, 세획을 세우기만 할 것이 아니라 얼마나 실천했는지 반드시 평가해야 한다.

러스킨은 이렇게 말했다 "인생은 흘러가는 것이 아니라 채워지는 것이다. 우리는 하루하루를 보내는 것이 아니라 내가 가진 무엇

으로 채워가는 것이다." 계획을 세운다는 것은 시간을 잘 사용하고
싶은 열망에서 시작된다. 또한 시간을 가장 효율적으로 활용한다
는 것이기도 하다. 시간은 누구에게나 똑같이 주어지는 것이다. 그
럼에도 불구하고 누구는 성공한 인생이 되고, 누구는 실패한 인생
이 된다. 그 이유는 시간을 관리하는 태도가 확연히 다르기 때문이
다. 우리에게 주어진 물리적인 시간은 누구에게나 똑같이 24시간
이다. 하지만 심리적인 시간은 그것을 활용하는 사람의 태도에 달
려 있다.

STEP 8 할 수밖에 없는 환경을 만들어라

사람은 환경의 지배를 받는다. 좋은 환경과 나쁜 환경은 생활의 질도 달라지게 한다. 그러나 근본적으로 환경은 자신이 만들기 나름이고 자신이 받아들이기 나름이다. 공부하기 위해 대단한 각오를 했다거나 공부를 반드시 해야만 하는 사람인 경우는 특별히 환경을 탓하지 않는다. 다만 내 마음의 무게를 볼 뿐이다.

환경이나 여건은 모두 완벽한데 내 의지가 약하다면 어떻게 할까. 그것도 참 힘든 일이다. 자신은 자기가 가장 잘 안다. 어떤 방법을 시도해야 좋은 결과를 얻을 수 있는지 말이다. 이런 방법은 어떨까? 자신의 환경을 조이는 거다. 즉 내 의지를 내가 아닌 타인에 의해서 조절하도록 유도하는 것이다. 이를 테면 할 수밖에 없는 환경으로 내모는 것이다.

몇 년 전 우리 집 경제는 확 기울어졌었다. 결혼 생활 25년 만에 처음으로 찾아온 위기였다. 그동안 편안하고 여유있게 살다가 경제가 갑자기 어려워지니 한 푼이라도 아쉬웠었다. 예전에는 집에 동전이나 천 원짜리 지폐가 여기저기 굴러다녔다. 지저분하다고 큰 돼지 저금통에 무조건 쓸어 넣기 바빴었다. 그러나 살림이 어려워지고 부터는 집에 굴러다니는 동전 하나하나가 그렇게 귀할 수 없었다. 동전도 생기는 대로 금세 사라졌고 여윳돈이라곤 찾아볼 수 없었다.

그동안 나는 초등학생을 대상으로 논술을 가르쳤었다. 어느 날 교육청 공고란에 중학교 해넘이 학습으로 논술 강사를 모집한다는 내용의 기사가 올라왔다. 잠시 망설였다. '그동안 초등학생만 가르치던 내가 중학생을 가르칠 수 있을까? 그것도 주1회가 아니라 1년 동안 매일을…….' 잠시 겁이 났다. 그러나 그것도 잠시뿐. 나는 할 수밖에 없었다. 1년 동안 계약이기 때문에 괜찮은 고정 수입이 보장되었다. 좀 두려웠지만 나는 수입이 필요했다. 새로 시작한 남편의 사업이 안정될 때까지는 생활비를 내 스스로 해결해야 했다. 그 때문에 나는 중학교 수업을 선택할 수밖에 없었다.

할 수밖에 없는 환경에 처하면 하게 되어 있다. 나는 두려움을 극복했고 1년을 열심히 가르쳤다. 그 이후로는 중학생이든 고등학생이든 고학년 아이들을 가르칠 수 있을까 하는 두려움에서 벗어났다. 초등학생이나 중·고등학생은 다를 바가 없다. 철부지 아이들이라는 면에서 마음이 편했다. 내 의지는 아니었지만 할 수밖에 없는 환경이었기에 가능했다.

내 지인 중에 김태광이라는 사람이 있다. 그는 현재 전 국민 책 쓰기 운동을 하고 있다. 책 쓰기 과정을 통해서 작가 수백 명을 배출하고 있다. 이렇게 되기까지는 과거 처절한 환경이 있었다. 가난이라는 굴레에서 벗어나지 못했던 환경, 지독히 가난했기에 신문 배달, 우유 배달, 주유소 주유원, 막노동, 전단지 돌리기 등 가장 밑바닥 직업에서 전전긍긍했었다. 결정적으로 아버지의 자살로 엄청난 빚이 자신에게로 넘어 왔다. 그 빚을 갚기 위해, 생존을 위해 죽기 살기로 책을 썼다고 한다. 책을 쓰지 않으면 가난에서 벗어날 길이 없었고, 빚을 갚을 수 없었다. 그래서 더욱 책 쓰기에 매달렸다고 한다. 그랬기에 김태광 씨에게는 지금 천재 작가라는 명성이 붙었고, 수십 억 자산가가 되었으며 미래 경영 대상을 수상하기까지 했다.

불가능을 가능하게 하는 비결이 여기 있다. 의지가 부족하다면 할 수밖에 없는 환경을 만들어라. 김태광 대표는 지독한 가난이 자신의 의지는 아니었지만 그 가난에서 빠져나오기 위해 노력을 해야 했다. 어떻게 가능했을까? 돈을 벌어야만 하는 어쩔 수 없는 환경에 놓였던 것이다. 책을 쓸 수밖에 없는 환경에 있었던 것이다. 책을 써야만 빚을 갚을 수 있었다. 이처럼 어쩔 수 없는 환경에 내몰리는 경우도 있지만 내가 그런 환경을 만들어서 공부를 해야 하는 경우도 있다. 꼭 해야 하고, 하고 싶다면 할 수밖에 없는 환경을 인위적으로 만들자. 나는 몇 개월 전에 책을 쓰기로 작정했다. 그런데 쉽게 '책을 써야지' 하는 생각이 아니라 꼭 써야만 했다. 절실했다. 내 꿈을 실현하기 위해서 간절했다.

책을 쓰는 간절함을 이루기 위해서 나는 어떻게 했을까? 그냥 마음만 먹거나 혹은 책을 쓰다가 흐지부지되는 경우도 있다. 난 그런 사람을 여럿 보았다. 책을 쓰는 게 그만큼 고단하고 힘든 작업이다. 나도 그렇게 되지 말라는 법이 없다. 그러나 실패하고 싶지 않았다. 이왕 시작한 일이라면 분명한 결과를 보고 싶었다. 끝까지 해내고 싶었다. 실패를 맛보고 싶지 않았다. 그래서 좀 부끄럽지만 어떤 시도를 했다. 함께 일하는 선생님들에게 단체 문자를 보냈다. '나는 올해 안에 책을 쓸 것이다. 동시에 출판을 할 것이다. 지켜봐 달라!' 고 정식으로 선포했다. 그들은 꼭 해내라고 응원의 메시지를 보내왔다. 그들이 믿든 안 믿든 그건 그들의 자유다. 그러나 나는 선포했기 때문에 책임감이 생겼다. 말만하는 허풍쟁이가 되지 않기 위해서 나는 철저하게 공부하고 실행에 옮겼다. 결국 난 해냈다. 그리고 나는 세 번째 책에 매진하고 있다.

동료 작가도 비슷한 방법으로 글쓰기를 시도해서 성공한 사례가 있다. 책 쓰기 카페에 언제부터 언제까지 초고 원고를 쓰겠노라고 선포했다. 그것도 날짜를 구체적으로 제시해서 말이다. 동시에 매일매일 원고 쓰기 진행 사항을 카페에 글로 올렸다. 수많은 꿈맥 친구들은 그 글을 보고 격려해 주고 호응해 주고 '잘한다' '잘한다' 계속 힘을 실어 주었다. 어찌 보면 본인에겐 창피하고 용기가 필요한 일이지만 왜 이런 시도를 하였을까? 맞다. 할 수밖에 없는 환경으로 자신을 밀어 넣은 것이다. 수많은 사람들에게 공개적으로 원고를 언제까지 쓰겠노라고 선포를 했으니 그들이 지켜볼 것이다. 실제로 실천을 했는지 상황을 주시할 것이다. 물론 진짜로 모두가 눈에 불을 켜고 바라보진 않겠지만 본인은 사람들이 의식이 되는 것이다. 거짓말쟁이가 되고 싶지 않기에 실행할 것이다. 성공하는 자신의 모습을 보여 주고 싶어서 죽기 살기로 글을 쓸 것이다. 공개 선포한다는 것은 그만큼 자신을 채찍질하면서 성공하겠다는 의지 표현인 것이다. 자신이 할 수밖에 없는 환경을 인위적으로 만들어 놓은 것이다. 이렇게 해 놓고도 안 지킬 사람이 있을까? 자신 없는 사람이라면 아예 공개 선포를 하지도 않을 것이다. 자신이 있고 목적을 꼭 달성하고 싶은 간절한 마음이 표현된 것이다. 결국 이 작가는 약속대로 초고 원고 쓰기에 성공했다.

여러분도 꼭 하고 싶은 일이 있는가? 꼭 해내야만 하는가? 그렇다면 지인에게, 혹은 친구한테 선포하라, 광고하라, 소문내라,

'나는 언제까지 무엇을 하겠노라'고. 그러면 공부하는 태도가 달라질 것이다. 하고자 하는 책임감이 생길 것이다. 간혹 잘하고 있느냐고 묻는 사람도 있을 것이다. 언젠가 교육청 학습 코칭 선생님들 모임이 있었다. 역시 선생님들은 중간 점검에 들어갔다. "책 쓰는 일은 잘 되어가고 있느냐?" 나는 이미 공동 저서 2권의 원고를 출판사에 보낸 상태였기 때문에 잘 되어 가고 있다고 당당하게 대답할 수 있었다.

내기를 하는 것도 좋은 방법이다. 이것을 해내지 못할 경우 만 원을 주겠다. 혹은 10만 원을 주겠다고 내기를 하는 거다. 꼭 돈이 아니어도 좋다. 다만 빼앗기기 싫은 가치가 있는 것을 걸어야 한다. 그래야만 그것을 빼앗기지 않기 위해 악착같이 공부한다. 무엇인가 간절히 원한다면 할 수밖에 없는 환경을 만들어 보자.

STEP 9 성적이 잘 나오는 친구를 벤치마킹하라

공부를 잘하고 싶은 건 누구나 똑같은 마음이다. 공부를 잘하는 친구는 잘하는 이유가 분명 있다. 시험만 보면 당당하게 전교 1등을 하는 학생. 선생님이나 친구들은 그 친구를 존중해 준다. 누구든 그 친구에게 함부로 하지 않는다. 그 아이는 왠지 우리와 다른 아이 같고 특별해 보인다. 공부를 잘하면 유독 멋있어 보인다. 얼굴이 못나도 그 못난 자체가 멋있어 보인다. 나도 그 친구처럼 공부를 잘하고 싶은가? 그렇다면 공부를 잘하는 친구를 유심히 관찰해야 한다. 저 친구의 행동 양식, 일과, 공부 습관 등 그 친구가 갖고 있는 모든 면을 면밀히 관찰해야 한다. 공부를 잘 하는 데는 분명 그만의 노하우가 있다.

벤치마킹에 성공한 사례가 있다. 오래전 서울에서는 교통수단 환승 시스템을 추진했었다. 지금이야 너무 익숙하고 편리한 시스템으로 자리 잡았지만 오래전에는 여간 불편한 게 아니었다. 간단하게 버스표 한 장만 내면 되는데, 그 편리함을 버리고 버스에 탈 때마다 카드를 찍고 내릴 때 또 다시 찍는 어색하고도 불편한 행동에 시민은 불평을 했다. 심지어 내릴 때 깜박하고 카드를 찍지 않고 내리는 불상사가 생겨 난감해 하기도 했다.

젊은 층은 그나마 잘 적응하는 편이었지만 연세가 있는 어르신들은 불만이 이만저만이 아니었다. 나이 들수록 익숙한 것을 버리지 않으려는 고집 같은 게 내재되어 있기 때문이다.

그러나 지금은 어떤가, 그 누구도 뭐라 안한다. 시간을 두고 해 보니 편리하기 때문이다. 물론 시간이 지나면서 상당히 업그레이드되어 더 편리해졌기 때문이기도 하다. 한국의 교통수단 환승 시스템은 성공적인 정책 사례로 손꼽히고 있다. 그런 이유로 외국의 여러 나라에서 이것을 벤치마킹하고자 한국을 방문하고 있다. 특히 말레이시아의 쿠알라룸푸르에서 적극적이었다. 쿠알라룸푸르는 복잡한 교통 체계 때문에 대중교통 이용률이 고작 10%대에 불과했다. 그러나 서울의 환승 시스템을 롤 모델로 벤치마킹하고는 환승 통합 시스템을 새로이 구축하였다. 그 이후로 대중교통 이용률이 크게 증가했다고 한다.

하고자 하는 일에서 성공하고 싶다면 롤 모델을 선정하고 그 롤 모델을 벤치마킹하는 것이다. 학생이라면 공부를 잘하는 친구를, 성적이 잘나오는 친구를 선정하여 벤치마킹하는 것이다. 공부를 잘한다고 그 친구를 어려워하거나 거리를 두면 안 된다. 더 친밀하게 다가가 잘하는 것에 대해 칭찬을 아끼지 말아야 하며 도와달라고 솔직하게 말해야 한다.

대학을 다닐 때 1살 위인 언니가 있었다. 성격도 활달하고 얼굴도 예뻤다. 나긋나긋하여 쉽게 친해졌는데, 시험 기간만큼은 보기가 힘들었다. 다른 학생들은 대부분 도서관에서 요기조기 어울려서 공부를 하고 쉬는 시간에 잠깐 나와서 커피 한 잔을 하며 수다를 떨다가 들어가 공부하는데, 그 언니만큼은 어느 귀퉁이에 숨어서 공부를 하는지 잘 보이지도 나와서 쉬지도 않았다. 아마 혼자 조용히 쉬었다가 들어가는지도 모른다.

기말고사가 끝나고 점수 결과가 나오면 항상 놀란다. 거의 모든 과목에서 높은 점수를 얻어 장학생을 유지한다. 시험이 끝나면 그 언니는 어디선가 나타난다.

언니와 진지하게 이야기할 기회가 왔다. 어떻게 그렇게 성적이 잘 나오는지 궁금하다면서 칭찬을 듬뿍 쏟아줬다. 언니는 공부했던 교과서를 보여 줬다. 교재를 보는 순간 충격을 받았다. 종이가 정말 너덜너덜 했다. 다른 학생의 교과서와는 천지차이였다. 어쩜 교과서의 종이가 그렇게 헤어질 때까지 공부를 했을까 싶을 정도였다. 더는 물어볼 필요가 없었다. 그거 하나면 답이 되었다.

흔히 우리는 시험공부를 하기 위해 이 문제집 저 문제집 다양한 참고서를 펼쳐 든다. 그럼에도 불구하고 자신이 원하는 성적을 얻지 못한다. 언니의 공부법을 보면서 '기본에 충실하자.'라는 말이 떠올랐다. 학교 선생님들은 수없이 이야기한다. 교과서 위주로 해라. 교과서 5번만 읽으면 시험은 무사통과할 거다. 학생들 대부분이 말을 흘려듣는다. 교과서만으로는 불안한 것이다. 단 한 번도 교과서만으로 공부해 보지 않았기 때문이다. 교과서만 봐서 어떻게 문제를 풀까 스스로 불안해하고 그 방식이 만족스럽지 않은 것이다.

내 딸은 고등학교 때부터 공부에 눈을 떴다. 한번 얻은 자신감이 동기 부여가 되어 상위권을 놓치지 않았다. 엄마인 나는 "내 딸 잘한다, 대단하다."라며 계속 부추겨 주는 일밖에 할 게 없었다. 예전에는 시험 때만 다가오면 "공부 좀 해라."라며 잔소리했는데 이젠 "그만하고 자."라는 말이 입버릇처럼 나온다. 늦게까지 방에 불이 켜져 있어 문을 열어 보면 그때까지 공부를 하고 있다. 보기 안쓰러워서 "이제 그만 자."라며 다독여 주고 나온다.

내 딸의 공부 방식을 살펴보았다. 일단 노트 필기가 예술이다.

자기만의 노트였는데 일목요연하게 한눈에 확 들어오게 필기를 했다. 내가 봐도 저절로 공부하고 싶도록 말이다. 거기에다 글씨도 또박또박 예쁘게 썼다. 흔히 글씨를 흘겨서 지저분하게 쓰면 아무리 좋은 내용과 핵심이 담겨 있어도 읽어 보고 싶지가 않다. 글씨가 예뻐야 읽고 싶다.

시험공부는 혼자 하는 것이기 때문에 때로는 이해하고 정리하고 암기하는 것이 불편했나 보다. 그래서 나름대로 터득한 것이 친구에게 가르치면서 공부하는 방식이다. 그러나 집에서 혼자 공부할 때는 친구가 없다. 친구 대용이 필요했다. 그것이 바로 필통이다. 자신의 필통을 책상 앞에 세워 놓고 친구라고 생각하는 것이다. 소리 내어 자신이 이해하고 아는 것을 가르친다. 몇 시간을 그렇게 혼자 떠들면서 공부를 한다. 효과는 아주 좋다고 스스로 만족해 한다. 필통이 좀 우스운가? 그렇다면 자신이 좋아하는 연예인 사진을 책상 앞에 붙여 놓고 그 얼굴을 보고 설명하는 것은 어떨까?

딸아이한테는 절친한 친구가 있었다. 그 친구도 성적이 우수했다. 다만 수학을 못했다. 항상 그 과목 때문에 울상이었다. 수학 때문에 다른 모든 과목이 빛을 발하지 못하기 때문이다. 마침 딸아이는 수학에 있어서 만큼은 늘 백점을 맞아 왔기에 자신이 있었다. 친구는 수시로 수학을 가르쳐 달라고 요청해 왔는데 그래서 생각한 것이 있었다. 친구 두세 명이서 자신의 가장 자신 있는 과목을 하나씩 정한 뒤 서로 잘하는 과목은 가르쳐 주고 부족한 과목은 배우면서 공부하는 방법이었다. 일명 멘토링 프로그램이다. 멘토일 때는 자신이 아는 내용을 복습하는 계기가 되고, 멘티일 때는 부족한 과목을 무료로 배울 수 있으니 이것이야 말로 일석이조였다. 부족한 과목을 서로에게 배우고 가르치니 친구로서 그보다 더 좋은 방법이 없었다.

내 친한 친구는 아들이 항상 자랑거리다. 공부도 잘하고 잘생기고 성격도 좋아 아들을 데리고 다니는 것을 아주 좋아한다. 아들 역시 엄마가 연인이다. 엄마의 팔짱을 끼고 시내를 배회하는 것을 좋아한다. 아들은 평택에서 전교 5등 안에 드는 상위권 학생이다. 거의 모든 과목에서 우수하다. 아들이 시험공부하는 방법을 나에게 살짝 들려주었다. 친구의 아들은 영어 과목을 공부할 때 지문 한 개를 읽는다면 다른 아이와는 다르게 매우 깊이 있게 파고든다. 이를테면 내용 파악, 단어와 문법 확인, 단락 구성 요소, 주제문 위치까지 철두철미하게 분석한다. 이런 식으로 자신의 마음에 흡족할 정도로 공부를 다 하고 나면 한동안 다른 과목을 공부할 때까지, 즉 시험 보기 직전까지 따로 펼쳐 보지 않는다. 다른 과목도 한 단원 공부를 시작하면 목차만 보고도 관련 내용을 막힘없이 줄줄 설명할 수 있을 때까지 철저하게 파악한다. 그렇지 않고서는 절대 다음 단원으로 넘어가지 않는다. 반드시 자기 스스로 테스트를 하고 통과했을 때만 다음 장으로 넘어간다.

내가 왜 이 두 친구의 사례를 들었는지 짐작이 가는가? 이유가 있다. 벤치마킹은 꼭 사람을 만나야만 가능한 것이 아니다. 이렇게 책 속에서도 얼마든지 가능하다는 것을 알려 주기 위함이다. 책을 통해서 성적이 잘 나오는 이유를 분석해 보는 것이다. 그것을 파악했다면 나도 똑같이 아니 조금 더 업그레이드된 나만의 방식으로 실행해 보는 것이다.

공부에는 왕도가 없다. 부지런히 자기만의 방식으로 반복해서 해 보는 수밖에 없다. 나의 방식이 틀렸다고 생각하면 공부를 잘하는 친구를 모방하면 된다. 세상에는 온전한 창조란 없다. 가전제품을 새로 만들더라도 모방에서 시작되는 경우가 많다. 공부도 마찬가지다. '저 친구는 저렇게 하니까 잘하는구나, 이 친구는 이렇게 하니까 잘하는구나' 공부를 잘하는 여러 친구들을 벤치마킹해서 나에게 맞는 방식을 조합하면 된다. 따라해 보고는 무릎을 치게 될 것이다. 진작에 이 방법으로 할 걸, 왜 나만 이 방법을 몰랐을까? 하며 자신의 어리석은 공부 방식에 관해 후회하게 될 것이다. 세상에는 어디에나 길이 있고 방법이 있고 답이 있다. 찾아보면 있다. 우리가 노력하지 않을 뿐이다. 벤치마킹하는 것처럼 빠르게 발전하는 방법은 없다. 수위를 둘러보자.

STEP 10 공부 일기를 써라

평소 다이어리를 소중하게 갖고 다니는 사람들이 있다. 전철이나 버스를 탈 때 잠깐 다이어리를 꺼내어 일정을 살펴보고 계획을 짜기도 하고, 새로운 메모를 하거나 간단히 결심을 쓰기도 한다. 성공하는 사람들의 소유물, 바로 다이어리다. 다이어리를 이용하여 공부 일기를 쓰면 성적 향상에 큰 도움이 된다.

'공부 일기를 어떻게 쓰느냐?'며 갸우뚱하는 사람도 있을 것이다. 굳이 설명할 필요가 있을까? 내가 하는 공부, 그 공부를 토대로 하루하루 어떻게 공부해 가고 있는지 편하게 기록하면 된다. 다이어리는 문구점에서 좋아하는 스타일을 골라 마련하자.

누군가에게 다이어리를 사 오라고 부탁하거나 선물 받은 것은 추천하지 않는다. 내가 직접 고르자. 옷도 맞춤옷이 몸에 딱 맞고 원하는 디자인으로 만들었기에 애착이 더 간다. 다이어리도 나의 맞춤 다이어리를 찾자. 공부가 더 하고 싶어질 것이다.

직접 산 다이어리에 쓰게 될 주요 내용을 생각해 보자. 다이어리 맨 앞면에는 1년 동안의 큰 목표를 적으면 좋다. 고3이라면 '서울대학교 합격'이라든가 '고려대학교 수시 합격' 혹은 '수능 400점 달성' 등 큰 목표를 적어 놓자 . 그러면 다이어리를 열어 볼 때마다 목표에 나의 에너지가 쏠리게 된다. 1년이 지난 뒤 계획했던 일을 성취한 자신의 모습을 발견할 수 있을 것이다. 분명 좋은 결과를 가져올 것이다. 꿈을 적어도 좋다. 변호사가 꿈이라면 '능력 있는 변호사 OOO' '신의 손 의사 OOO' '수학 명강사 OOO' '100억 대 CEO OOO' 라고 크고 선명하게 적어 놓자. 자신의 꿈을 직접 써서 마음속에 생생하게 그려 보자. 적어 놓은 꿈을 볼 때마다 자신을 자극시키고 공부하게 하는 열정 에너지가 생길 것이다. 미리 계획하고 목표를 달성해 나가기 위해 노력한다면 분명 꿈을 이룰 수 있을 것이다. 꿈은 반드시 이루어진다.

이제 본격적으로 하루하루 공부 일기 쓰는 법에 관해 알아보자. 공부 일기는 다양한 주제로 편하게 쓰면 된다. 굳이 어떤 형식에

얽매이지 않아도 된다. 기본 뼈대만 있다면 살은 내가 붙이면 된다. 그 뼈대에 들어갈 내용은 이렇다. 오늘 공부할 과목과 단원을 적는다. 세부 내용도 쓸 수 있다. 오늘 공부해야 할 과목이 국어, 수학, 영어라면 각 과목의 공부 목표량을 적는다. 그런 다음 오늘 공부한 내용을 체크하며 일기를 간단하게 적는다. 대부분 공부한 내용을 서술하듯이 일기로 쓰면 기억에 오래 남는다. 공부 일기는 바로 이 효과를 노리는 것이다.

오늘 공부한 것을 평가해 보자. 이를테면 오늘 성공적으로 이룬 공부 성과를 적는 것이다. 어떤 부분을 어떻게 잘 했는지, 내 스스로에게 칭찬해 주고 격려해 주고 응원해 주는 것이다. 자신을 칭찬하는 일이야 말로 가장 뿌듯하고 행복한 일이다. 그동안 자신에 대한 칭찬에 인색할 수밖에 없었던 나였는데 성과를 이루어 냈고 그것으로 인해 스스로 칭찬을 아끼지 않는다면 얼마나 기분 좋고 자랑스럽겠는가? 진정한 경쟁자는 나 자신이라고 했다. 자신과의 싸움에서 이겼을 때 가장 큰 승리감을 느낀다. 남과 비교해서 얻는 승리는 오래 가지 못할 뿐더러 진정한 승리라고 할 수 없다. 진정한 비교 대상은 오로지 나 자신이다. 진정한 라이벌은 나 자신이다. 나를 이기려고 노력하자.

하루 중 약속을 지키지 못한 점을 반성해 보자. 분명 계획한 모두를 다 지키긴 쉽지 않을 것이다. 그날그날 컨디션에 따라서 학습

능률이 다를 것이다. 유독 어느 날은 목표한 것을 지키기가 매우 어려울 것이다. 그럴 때는 솔직하게 왜 지키지 못했는지, 정작 공부할 시간을 어디에 어떻게 사용했는지 솔직하게 기록하는 것이다. 그러한 사실까지 기록해 두면 다음에 같은 오류를 범하지 않을 것이다.

오늘의 공부 일정을 모두 기록했다면 내일 공부할 내용을 언급한다. 나는 평소 잠자리에 들기 전에 메모지 2장에 내일 할 일을 적어서 하나는 스마트폰 지갑에 붙이고, 하나는 식탁 위에 붙인다. 그렇게 하면 아침에 나갈 준비를 하느라 왔다 갔다 하면서 수시로 오늘 할 일을 무심결에 보게 된다. 아침부터 오늘 할 일을 빼먹거나 잊어버리는 일은 없다.

온종일 바쁜 일상에 쫓기다 보면 방금까지 기억했던 일을 잊어버려서 곤란에 빠지기도 한다. 그럴 때 스마트폰에 붙여 놓은 메모가 위력을 발휘한다. 스마트폰을 열어 볼 때마다 오늘 할 일을 확인할 수 있기 때문이다.

탁상 달력을 이용해도 좋다. 탁상 달력은 간단하게 메모할 수 있고 한 달 계획도 써 넣기 안성맞춤이다. 물론 가족용이 아닌 개인용 탁상 달력이어야 한다. 나는 주로 이것을 이용하는데 공부하는 틈틈이 달력에 체크하고 간단히 메모한다. 1년 전 탁상 달력을 보면 그날그날 무엇을 했고, 어떤 계획이 있었는지 무엇에 매달렸는지 상세히 볼 수 있다. 그야말로 나에겐 다이어리 역할을 한다.

평소 일기를 쓰는 사람과 쓰지 않는 사람의 생활에는 엄청난 차이가 있다. 일기를 쓰는 사람은 그날을 생각 없이 보내지 않는다. 생각의 깊이가 다르다. 그동안 해 온 생활을 일기에 담으면서 한 자기만의 생각과 느낌, 반성, 결심, 각오는 무의미한 것이 아니다. 어느 순간 자신의 생활 영역 속에 개입해 큰 성과를 낸다. 또 일기를 쓰는 사람은 미래가 다르다. 성공한 사람 대부분은 꾸준하게 일기를 썼다고 한다. 그만큼 일기의 위력은 대단하다. 일기를 쓰면서 자신을 성찰하게 되는 것이다. 자기 성찰은 더 나은 내가 되기 위해 부단히 노력하고 애쓰는 것을 일컫는다. 거울 속의 자신을 보듯 하루하루를 살면서 나와 다른 사람, 성공한 사람, 내가 모델로 삼고 싶은 사람에 대해 깊이 생각하게 되고 그 생각을 일기에 기록으로 남긴다. 나의 다짐과 비전을 기록한다. 기록한 비전은 당사자에게 지대한 영향력을 끼친다. 기록한 대로 이루어지는 일이 비일비재하다. 자, 이처럼 효과 만점인 공부 일기를 써 보자. 공부를 하는 태도에 영향을 줄 것이고 공부 목표 달성이 생각보다 쉽게 이루어질 것이다. 지금부터 실천해 보자.

PART 5

공부로 인생과 꿈을 준비하라

자신의 가치는 자신이 정하는 것이다.

공부하는 태도가 인생의 태도가 된다.

공부의 목표는 성공이 아니라 행복이다.

01　공부로 인생과 꿈을 준비하라

인생이 지금보다 나아지길 바라는가? 지금까지의 내 인생은 그렇고 그런가? 보통 우리네 삶은 어떠한가. 학교를 졸업하고 사회에 나가서 어느 정도 직장 생활을 하다가 결혼을 한다. 결혼을 함과 동시에 어느새 부모가 되고 노후를 걱정하기 시작한다. 인생은 화살처럼 빠르다는 옛 어른의 말이 하나도 틀리지 않다. 나이가 들어 어느새 현 시점에 와 있다 치면 자신의 인생을 뒤돌아보기 시작한다.

어떻게 하면 인생을 멋지게 살 수 있을까? 어떻게 하면 꿈을 펼

치며 살 수 있을까? 남들은 잘만 사는데, 나만 이렇게 사는 것 같아 원망스러운가?

같이 공부하던 한 친구가 있다. 그 친구는 유독 영어를 좋아했다. 평소 가정 형편은 별 볼일 없었지만 자신의 꿈만은 컸다고 한다. 영어를 유창하게 배워서 해외에 나가서 살겠노라고 노래를 불렀다고 한다. 그런데 그렇게 입버릇처럼 말하던 일이 현실이 되었다. 영어 공부를 얼마나 재미있게 했는지 결국은 캐나다로 이민을 가게 되었고 거기에서 직장을 다니게 되었다.

누구나 일하는 시간은 똑같으며 친구는 자기와 비슷한 조건의 여자들보다 월급을 두 배나 더 받는다고 한다. 돈을 풍족하게 벌었기에 부모님을 도와주고도 저축을 했는데, 거의 다른 사람 월급 수준으로 저축을 했고 명품을 걸칠 만큼 경제적 여유를 누렸다고 한다. 능력자 대우를 받았던 것이다. 거기다 회사에서 좋은 사람을 만나 외국인과 결혼을 하였고 시부모님의 사랑까지 독차지하면서 여왕처럼 멋진 삶을 해외에서 살고 있다고 한다.

이런 이야기를 들으면 먼 나라의 동화 속 이야기 같기만 한가? 아니다. 옆에서 보는 그녀는 그저 평범하기 그지없다. 외모도 남다르지 않다. 다만 다른 건 그녀에게는 남다른 꿈이 있었다는 것이다. 남들은 쉽게 꾸지 않는 꿈. 그 꿈을 향해서 발을 내디뎠다는 것이다. 그녀에게 영어 공부는 필수였고 자기가 살아남기 위해 할 수 있는 유일한 것이었다. 공부를 하지 않으면 그 꿈을 이룰 수 없을 것이라 생각했다. 그만큼 간절했다. 친구는 공부를 했기에 자신의 꿈을 이루었고 멋진 인생을 준비할 수 있었다.

옆 동에 사는 언니가 있다. 사람을 끄는 유쾌한 성격의 소유자다. 그러나 남편을 잘못 만나서 늘 우울하다. 남편은 쾌락적 자기 세계가 강한 사람이다. 퇴근 뒤에는 곧바로 집으로 오는 것이 아니라 고스톱 친구들을 만나 한판 하고 온단다. 매일 돈을 잃으면서도 끊지를 못한다. 돈을 걸고 하는 게임이나 오락은 중독성이 강하다. 언젠가는 몽땅 내가 긁어모을 것 같은 환상에 사로잡혀 있다. 그래서 손을 놓지 못한다. 이뿐이랴, 남편은 낚시 광이다. 휴일만 되면 낚시하러 집을 나선다. 가족끼리 따뜻한 시간을 가질 여유가 없다. 또한 알콜 중독에 가까울 만큼 술을 좋아한다. 퇴근할 무렵에는 이미 취해서 들어온다.

이 정도 이야기만 들어도 벌써 감이 오는가? 다른 건 다 차치하더라도 알코올은 가정 분위기를 우울하게 만든다. 어릴 적 나 역시 아버지가 항상 술에 취해서 집에 돌아오곤 했는데 그럴 때마다 늘 어머니와 다툼이 있었다. 어린 시절 부모의 다투는 모습을 보는 것은 항상 불안하고 우울하다. 어머니의 울음소리만큼 안 듣고 싶은 게 없었고, 아버지의 술주정 소리만큼 듣기 싫은 게 없었다. 오죽하면 잠깐이지만 아버지가 돌아가셨으면 좋겠다는 생각이 들었다. 아버지만 안 계시면 우리 집이 평화로워질 것만 같았기 때문이다. 옆 동 언니도 그랬던 것이다. 남편의 술버릇은 항상 가정불화로 이어졌다. 그 다음 날이면 내게 전화를 걸어 살고 싶지 않다고 하소연하기 일쑤이다. 암울한 자신의 인생을 변화시킬 수 있지 않을까? 남편은 어쩌지 못한다 해도 자신의 인생, 내적 만족감을 가질 수 있는 뭔가가 있지 않을까? 나는 여러 번 공부하자고 제안했다. 성인도 공부를 할 수 있는 통로가 많이 있다. 마음만 먹으면 교양 강좌부터 기술을 배우기까지 무한정으로 많다. 배우지 못했던 한을 나이가 들어서 풀기도 한다. 그러나 옆 동 언니는 그렇게 하지 않았다. 그냥 주저앉았다. "내가 이제 와서 공부해서 뭐 하느냐." 공부에 별 의미를 두지 않았다.

우리의 인생이 달라지는 시점은 언제일까? 꿈을 이루는 시점은 언제일까? 바로 의식의 변화하는 시기다. 나는 특별하다, 나는 다르게 살 수 있다, 나는 달라질 수 있다, 나는 해낼 수 있다, 노력하면 된다, 나의 꿈은 꼭 이루어질 것이다 같은 마음을 갖는 게 얼마나 중요한지 살면서 참 많이 느낀다. 자신의 무력한 환경에 너무들 빨리 포기하고 주저앉는다. 내 인생의 주체는 바로 나다. 배우자가 아니다. 자녀가 아니다. 부모가 아니다. 내 인생은 내가 주인이다.

일부는 돈 때문에 걸려 넘어진다. "너무 하고 싶은데 돈이 없어.""너무 비싸서 포기했어." 등 이유가 많다. 물론 다방면으로 돈이 든다. 배움이 어찌 거저 될까? 심지어 의무교육도 완전히 공짜로 배울 수는 없다. 식비, 의료비, 수업료 등 최소한의 비용이 발생

한다. 그런데 사설 교육을 받거나 기술을 배우는데 어찌 돈이 안 들 수 있을까? 나는 나를 위한 투자에는 돈을 아끼지 않았다. 배움의 길에는 돈을 계산하지 않았다. 그럼 돈을 어떻게 조달할 것인가? 때론 남편이 도와줄 수도 있다. 그게 여의치 않다면 내가 벌면 된다. 돈을 어디에 써야 의미 있게 쓰는 것일까? 남편을 위해서? 자식을 위해서? 부모를 위해서? 생활비로? 나는 자신에게 투자하길 조언한다. 개인의 성장을 위해 쓰는 돈은 가치가 있다. 그렇게 쓰여진 돈의 위력은 어떤 곳에서든 다시 나타난다. 돈은 쓰면 없어진다. 그러나 배워 둔 지식은 사라지지 않는다. 그 지식은 언젠가 다시 돈으로 되돌아온다. 돈을 버는 데 크게 기여한다.

옆 동 언니는 20년이 지난 지금까지 인생이 달라지지 않았다. 남편의 불편한 습관의 수위가 조금 약해졌을 뿐 특별히 달라진 게 없다. 언니는 나이는 중년에서 노년이 되어 가는데 돈을 벌기 위해 육체적 노동까지 하고 있다. 이런 생활의 여건에서 꿈을 이야기할 수 없다며 공부는 배부른 소리라고 치부해 버린다. 지금은 더 나이가 들었을 때, 즉 노후를 고민하고 있다. 오로지 돈 걱정을 하며 살고 있다.

다른 사람의 인생이라고 별반 다를 바는 없다고 생각하겠지만 한끝 차이로 삶이 바뀌는 것이다. 인생을 바꾸기 위해, 꿈을 이루기 위해 부단히 노력하며 공부할 것인가. 그런 건 배부른 사람의 것이라 치부해 버리고 현재의 생활에 길들여지느냐는 단지 생각의 차이다. 그런 생각은 그런 행동을 낳는다. 그런 삶을 만든다. 어찌 보면 인생은 생각의 산물덩이다. 생각에 의해 행동을 하게 되고 그 행동은 곧 그에 맞는 인생을 만든다.

공부로 인생과 꿈을 준비하라. 누구는 공부를 하고 인생이 역전되었다. 누구는 공부를 하고 꿈을 이루었다. 공부로 밑바닥 인생을 탈출했다. 공부로 인생이 달라졌다. 인생을 변화시키고 꿈을 이룰 수 있는 유일한 방법이 공부하는 것이다. 공부하자!

02 나만의 보물 지도를 그려라

당신은 보물 지도가 있는가? 이 질문에 고개를 갸우뚱하는 사람도 있을 것이다. 보물 지도에 대해 아는 사람도 있겠지만 모르는 사람도 상당히 많다. 보물 지도는 왜 중요할까? 보물 지도는 일종의 꿈 지도다. 누구든 어릴 적부터 꿈이 한 가지씩은 있었을 것이다. 그러나 "세상살이도 힘든데 그런 꿈 타령할 세가 어디 있느냐, 그건 배부른 사람들이나 하는 말이다."라며 무관심을 표현하기도 한다. 정말 그럴까?

전국의 중·고등학교에서 진로 캠프를 한 적이 있다. 갖고 있는 꿈을 명확히 하고 꿈이 없다면 지금 이 순간에 꿈을 만들자며 비전 로드맵을 실시했다. 아이들에게 꿈이 뭐냐고 질문하면 없다고 대답하는 아이도 있다. 의외로 참 많다. 30~40%가 꿈이 없다고 대답한다. 그럼 거창하게 꿈 말고 구체적으로 '내가 되고 싶은 것'이 있느냐 물어도 역시 없다고 한다. 참 답답한 노릇이다. 요즘 아이들의 특징은 생각을 안 한다는 거다. 미래에 대한 꿈이 없다. 꿈이 없다고 말하는 친구들에게 참 좋은 활동이 있다. 바로 보물 지도 만들기다. 두꺼운 8절지 도화지와 잡지책, 풀, 가위만 있으면 된다. 잡지책에서 내가 멋있어 보이고, 좋아 보이고, 갖고 싶거나, 닮고 싶은 사람 같은 것이 있으면 오려 둔다. 오려 둔 것을 8절지에 보기 좋게 배열하여 붙이면 된다. 각자 취향에 맞게 붙인 8절지에 약간의 설명을 추가해도 된다. 나름대로 멋있게 꾸며도 된다.

멋진 이미지들을 붙여 꾸민 8절지, 이것이 바로 보물 지도다. 가장 잘 보이는 곳에 붙여 두고 오고 갈 때 열고 닫을 때 오르락내리락할 때 수시로 보이는 곳에 붙여 두면 된다. 그렇게 수시로 보면서 시각화하는 것이다. '아, 갖고 싶다. 저건 진짜 꼭 갖고 싶어, 꼭 가질 거야. 나도 저 사람처럼 돼야지!' 하고 수없이 속으로 되뇌는 것이다. 그러면 언젠가 내가 닮고 싶은 사람을 닮아 있고, 언제가 갖고 싶은 그것을 소유하고 나를 발견하게 될 것이다.

개인적으로 보물 지도의 효과를 경험한 적이 있다. 학교 현장에서 학생들에게 늘 보물 지도의 중요성을 이야기하다 보니 선생님으로서 먼저 나의 보물 지도를 만들어야겠다는 생각에서 실제로 만들었다. 보물 지도를 만드는 과정은 생각보다 상당히 재미있고 신난다. 잡지에서 혹은 인터넷에서 내가 좋아하는 모든 것을 찾아서 오리고 그것을 두꺼운 도화지나 코르크 보드에 붙이고 설명을 써 넣는다. 현실이 될 미래를 상상하는 작업은 성인인 내게도 그렇게 흥미로울 수가 없었다. 이미지들을 얼마나 많이 찾아서 오려 두었는지 보물 지도를 하나가 아니라 두 개를 만들었다. 완성된 보물 지도를 화장하는 작은 방에 붙여 두고 수시로 오가며 시각화했다. 그러다가 어느 날 조금 식상해서 보물 지도를 다른 곳에 옮겨 두게 되었다. 그러고는 까맣게 잊고 있었는데, 최근에 나는 그렇게도 간절히 원하던 나만의 별장을 갖게 되었다. 리모델링을 하고 서재 책장과 테이블을 사서 진열하였다. 모든 것을 꾸며 놓고 행복에 젖어 있던 어느 날, 집 정리를 하던 중 몇 년 전에 해 놨던 보물 지도를 우연히 꺼내게 되었다. '아, 이것도 별장에 갖다 놔야지.'라고 생각하며 무심코 이미지들을 유심히 살펴보던 중 나는 내 스스로에게 놀라고 말았다.

이미지 중 대부분이 작은 별장과 멋진 서재에 관한 것이었다. 보물 지도의 서재 이미지가 현재 나의 서재 이미지와 많아 닮아 있다. 특히 대형 테이블은 아주 똑같다. 정말 놀라웠다. 분명 테이블을 살 때는 보물 지도에 붙여 둔 테이블은 아주 잊고 있었고, 현재 갖고 있는 대형 테이블은 내가 좋아하는 디자인으로 맞춤 제작한 것이다. 지금에 와서 보니 보물 지도에 붙여 둔 테이블과 아주 똑같았다. 이것이 평소 시각화의 힘인 것 같다. 아마 보물 지도에 붙여 두지 않았더라면, 시각화하지 않았더라면 난 지금도 별장을 갖지 못했을 것이다. 간절했기에 또한 시각화했기에 그것들이 내게 현실이 된 것이다.

중·고등학교에 진로 교육을 하러 가기 전 나는 인터넷으로 포털 사이트나 유튜브에서 진로 자료를 찾기 위해 여기저기 돌아다니곤 한다. 그러던 중 매우 흥미로운 영상 하나를 발견했다. 나는 이 영상을 학생들과 보물 지도 수업을 하기 전에 꼭 보여 준다. 그러면 학생들은 자기가 하고 있는 보물 지도 작업을 매우 진지하게 한다. 영상 속 이야기는 이러하다. 한 남자는 끌어당김의 법칙을 알고 나서 실제로 적용해 보고 싶어 했다. 정말 효과가 있는지 경험해 보고 싶어 했다. 그래서 비전 보드라는 것을 만들었는데 성취하고 싶은 것이나, 끌어당기고 싶은 자동차나 시계, 또는 꿈꾸는 반려자 등을 정한 뒤에 그것들의 이미지를 오려 비전 보드에 붙였다. 매일 비전 보드를 들여다보며 그림 그리기를 한다. 이미 모든 것을 소유한 것처럼 말이다. 그러고는 이사 준비를 위해 가구와 상자를 창고에 보관해 둔 채 5년이라는 세월 동안 세 번을 이사했다. 그러다 캘리포니아까지 왔고 현재의 집을 사서 1년간 고쳐 이사했다. 어느 날 그는 창고에서 가져온 비전 보드를 꺼내서 보게 되었다. 놀랍게도 그 비전 보드에는 5년 전에 그림 그리기를 했던 즉 시각화를 했던 지금의 집 사진이 있었다. 사진에 있던 그 집을 사서 이사 온 것이다. 사진을 발견하여 보기 전까지 전혀 몰랐다. 정말 충격이고 감동 그 자체였다.

빅 존슨은 자신의 저서에서 성공한 사람은 자기가 되고 싶은 사람과 자기가 살고 싶은 삶의 이미지를 항상 생각하고 그 이미지에 매달린다고 했다. 즉 이미지 시각화를 매우 중요시 여기고 실천한다는 것이다. 이미 성공한 사람의 습관이나 태도가 어떠했는지는 여러 사례를 통해서 밝혀졌다. 꿈을 이루고자 간절히 바란다면 자기가 바라는 자아 이미지에 매달리라고 한다. 자아 이미지에 따라서 우리의 행동이나 실천이 상당히 달라진다. 이를테면 새로운 자아 이미지를 일관되고 꾸준하게 품으면 행동과 실천이 저절로 바뀌어 더 나은 자기를 창조하는데 도움이 된다고 한다. 다시 언급하지만 일관되고 꾸준하게 상상하거나 생각하는 것이 매우 중요하다.

함께 공부하는 작가는 되고 싶은 자신의 미래 모습을 일관되게 생각하고 싶어서 100일 동안 100번씩 지면에 성공 확신 쓰기를 실행한다. 그런 행동을 하자 요즘 기적 같은 일이 벌어지고 있다. 정말 놀라운 일들이 벌어지고 있다. 옆에서 지켜보고 있는 내가 믿기지 않을 정도다. 삶에 변화를 일으키고 싶은가? 그렇다면 자신의 무의식에 새로운 자아 이미지를 제공하라. 무의식은 현실과 상상을, 진실과 거짓을 구별할 줄 모른다. 그런 이유로 아주 명확한 이미지로 지시를 내려야 한다. 그렇게 하면 무의식은 마치 나의 수하가 되어 내가 원하는 대로 삶을 창조해 줄 것이다. 이 사실은 누구에게나 성공할 수 있다는 공평한 선물이 주어졌다는 것을 나타낸다. 머리가 좋을 필요도 없고, 돈이 많아야 하는 것도 아니다. 단지 잠재의식을 잘 활용만 한다면 내가 원하는 삶을 살 수 있다는 것이다. 그렇게 하는데 가장 좋은 방법이 보물 지도를 만들어 시각화하는 것이다. 지금 당장 보물 지도를 만들어 보자.

03   공부는 꿈을 이룰 가능성을 높여 준다

"저는 의사가 되고 싶어요." "저는 판사가 되고 싶어요." 꿈이 뭐냐고 물어보면 이렇게 말하는 학생이 종종 있다. 꿈의 종류는 참 많다. 문제는 꿈을 발표할 때에 생긴다. 공부를 잘하는 학생은 꿈을 말할 때 당당하다. 반면 공부를 못하는 친구는 목소리가 속으로 기어 들어간다. 자신의 위치에서 꿈을 이룬다는 것이 불가능해 보이기 때문이다. 꿈은 공부와 직결되는 것처럼 보인다. 사실이기도 하고 틀리기도 하다. 하지만 통상적으로는 맞다. 판사, 검사, 의사 이런 직업은 공부를 잘해야 될 수 있는 게 현실이다. 공부를 못하면 의대에 들어갈 수 없다. 그런 까닭에 공부는 꿈을 이룰 수 있는 통로라고 할 수 있다.

《멈추지 마, 다시 꿈꾸는 것부터 써 봐》의 저자 김수영 씨는 아버지가 사업에 실패한 뒤 마을회관 한 켠에서 살았는데 그곳은 주방도 화장실도 없는 아주 불편한 곳이었다. 학교에 다니면서 문제집이나 준비물을 살 돈도 없었다. 학교에서는 존재감이 없었고 왕따를 당했다. 고작 초등학교 5년인 어린 나이에 자살을 생각하기도 했다. 중학교 때는 자신의 존재감을 살리기 위해 방황을 했고 폭주를 했고 술과 담배를 했다고 고백했다. 어릴 적 집안 형편을 탓하며 방황의 길을 자처했던 것이다. 곁길로 빠지는 학생들이 주위에 얼마나 많은가. 김수영 씨와 비슷한 처지 때문에 자신을 포기해 버리기도 한다. '나 같은 게 할 수 있는 것이 뭐가 있겠어.' '나는 불행하려고 태어났어.' '나의 운명은 이렇게 정해져 있는 거야.'라며 모든 걸 자포자기해 버린다. 그렇게 사는 내내 인생은 절대 나아지지 않는다. 자포자기하고 자신을 미워하는 만큼 실제로도 인생은 그렇게 흘러간다. 실패한 인생을 살고 싶은가. 꿈도 없는 저 밑바닥 인생을 자처해서 살 것인가?

김수영 씨는 중학교를 중퇴했고 또래보다 1년 늦게 실업계 고등학교에 입학했다. 그러던 중 우연히 신문에서 이스라엘과 팔레스타인의 분쟁 소식을 읽게 되었다. 생사의 갈림길에서 살아가는 그들의 모습을 보고 세상에는 나보다 더 어려운 사람들이 있다는 것을 깨달았다. 그들과 비교해 보니 자신의 환경은 그나마 괜찮아 보였다. 그렇다면 '나는 이 넓은 세상에서 무엇을 하는 사람이 될까?'라고 그는 자문해 보았다. 그 당시 그의 꿈이 기자였는데 기자가 되어 세상의 어렵고 힘든 일을 알려야겠다고 생각했다. 그는 신문을 보았고, 신문에서 세상의 어려운 한 면을 발견한 것이다. 내 안의 불행만 보다가 다른 곳에 더 깊은 불행의 숲이 있다는 것을 알게 된 것이다. 그제야 내가 아닌 타인, 즉 자신이 해야 할 일, 할 수 있는 일을 찾기 시작했다. 신문 기사가 동기 부여가 된 것이다. 기자가 되려면 대학에 가야 하고 대학에 가려면 공부를 해야 한다는 것을 깨달았다. 드디어 공부의 필요성을 느낀 것이다. 그래서 고1때 처음으로 제대로 공부라는 것을 하기 시작했다. 나름대로 열심히 공부했고 공부하던 중 '도전 골든 벨'이라는 텔레비전 프로그램에서 실업계 최초로 골든벨 주인공이 되는 황홀한 경험도 하였다. 첫 수학능력시험 모의고사 성적이 110점이었으나 최종 수학능력시험 성적은 375점이었다. 결국 공부를 하여 명문 대학교에 입학을 한다. 드디어 꿈을 이룬 것이다. 그뿐이랴, 자신이 꿈 목록에 적어 놓았던 것처럼 졸업 뒤 외국계 투자은행인 골드만삭스에 입사하는 일도 성취하게 되었다. 꿈은 이루어진다. 노력만 하면 이루어진다. 꿈을 이루기 위한 수단이 바로 공부다. 김수영 씨가 그렇게 한 것처럼 말이다. 그는 버킷리스트에 적어 놓았던 꿈 80여 개

중 50여 개를 이루었다. 그는 꿈에 관해서 할 말이 참 많았다. 청년들에게 다음과 같이 조언하기도 했다.

"사람들이 꿈꾸길 두려워하는 이유는 실패를 걱정해서죠. 그까짓 돈과 시간 좀 잃으면 어때요? 조금 늦더라도 목표를 이루는 게 중요하잖아요. 현실이 힘들수록 포기하지 말고 원하는 것에 에너지를 집중하세요. 꿈이 크면 에너지도 그만큼 커져요."

두려움 없는 포부가 참으로 마음에 들었다. '그까짓 돈과 시간 좀 잃으면 어때요?' 아무나 이런 마음을 갖는 게 아니다. 많은 사람이 돈을 헛되이 쓰게 될까 봐, 돈을 잃게 될까 봐 전전긍긍한다. 시간을 현실의 필요에만 사용하려고 한다. 꿈을 위해서 사용하는 것은 무모하다거나 꿈에 대한 확실성이 없기 때문에 아예 시간을 사용하려 하지 않는다. 난 김수영씨의 의견에 공감한다. 돈과 시간 좀 잃으면 어떤가. 나 역시 이런 식으로 생각하면서 도전해 왔다. 열심히 하다가 이루어지면 얼마나 좋은가. 하지만 안 되도 어쩔 수 없는 것. 안 되면 그냥 마는 거다. 되면 좋고, 안 되면 말고다.

나의 대학원 시절 은사님은 늘 말씀하셨다. "무조건 해 봐라. 도전해 봐라, 해 봐서 되면 좋고, 안 되면 마는 거다." 나는 그 말이 참 많이 와 닿았다. 맞는 말이다. 되면 좋고 안 되면 마는 거다. 실패하더라도 크게 미련 둘 필요가 없다. 해 봤다는 것, 도전해 봤다는 것에 의미를 두는 것이다. 안 하는 것보다는 나으니까. 세상에는 시도를 안 해서 성공을 못하는 경우가 더 많다고 한다.

나도 끊임없이 시도하고 도전했다. 불가능할 것 같았던 영문학 학위, 교육학 석사, 자격증 30여 개, 교육청 취직, 대강당에서 200여 명의 학생들을 상대로 한 강의, 대학교 강의, 성인들 자격증 양성교육 등 불가능을 가능하게 만들었다. 이 모든 것이 어떻게 가능했을까. 꿈을 이루기 위한 발버둥이 어떻게 가능했을까? 맞다. 공부다. 꿈을 향한 도전 중 어쩌면 공부로 도전하는 하는 것이 가장 쉬운 방법인지도 모른다. 공부는 큰돈이 필요하지 않다. 다른 복잡한 것을 요구하지 않는다. 그냥 공부에 집중하기만 하면 된다.

빌 게이츠는 "인생은 등산과도 같다. 정상에 올라서야만 산 아래 아름다운 풍경이 보이듯이 노력 없이는 정상에 이를 수 없다."라고 했다. 맞는 말이다. 노력 없이 무엇을 이루려 한단 말인가. 공짜로 무엇인가를 이루려는 자체가 잘못된 생각이다. '그냥 어쩌다가 되겠지.' 이 생각은 마치 감나무 아래에서 입을 벌리고 있으면서 감이 내 입안으로 떨어지기를 바라는 것과 같다. 절대 그런 일은 벌어지지 않는다. 세상에는 거저 되는 일이 없다. 에이브러햄 링컨도 이런 말을 했다. "할 수 있다. 잘 될 것이다, 라고 결심하라. 그러고서 방법을 찾아라." 성공하기를 바란다면 가장 먼저 자신에 대한 긍정적인 마음을 갖아야만 한다. 겸손이 미덕이라고 자기를 낮추고 부정하고, 아니라고 손사래질하는 인생에는 발전이 없다.

할 수 있다고 고개를 끄덕이고 끊임없이 도전하자. 도전하기 위해서 꾸준히 방법을 도모하자.

공부를 한다고 해서 모든 사람의 꿈이 다 이루어지는 것은 아니다. 하지만 꿈을 향한 100의 목표에서 적어도 80까지는 공부로 근접해 갈 수 있다. 시도하지 않으면 아예 얻지도 못한다. 노력한 것은 헛되어 사라지지 않는다. 분명 어떤 대가로든 반드시 돌아오기 마련이다. 그러니 공부가 어렵다고 포기하지 말고, 인생의 시간 낭비라고 치워 버리지도 말자. 내가 안 해서 못하는 것이지 절실함과 열정으로 다가가면 분명 공부는 보답으로 돌아올 것이다. 꿈을 향한 간절함을 공부가 이루어 줄 것이다.

04 자신의 가치는 자신이 정하는 것이다

학창 시절 생각이 참 많았다. 말도 거의 없었다. 사람들은 나를 보고 가까이 하기 어렵다고 했다. 차갑고 도도해 보인다고 했다. 정말일까? 나는 사람들이 보는 것처럼 차갑지도 도도하지도 않다. 그렇게 보일 뿐이다. 나와 이야기를 나눠 보면 사람들은 마음을 완전히 놓는다. 보기보다 친근하고 따뜻하기 때문이다. 그런데 왜 그렇게 보였을까? 평생을 나의 첫 이미지에 관해 똑같은 소리를 들어 왔기 때문에 자문을 해 보았다. 왜 그럴까?

사람에게 풍기는 내 인상에 관해 스스로 내린 결론은 이러하다.

평소의 생각, 가치관이 인상으로 표출된다. 내 자신에 관한 나의 생각이 주로 얼굴에 나타난다. 나는 비록 자존감은 낮았지만 '나는 쉬운 사람이 아니다. 나는 고귀한 사람이다. 나는 우아한 인생을 산다. 나는 평범하지 않다. 나는 가치가 높다.' 같은 생각을 하며 살았다. 그러다 보니 행동이 함부로 나오지 않았고 그 생각에 걸맞는 행동을 하게 되었다. 우아한 사람은 천박하게 행동하지 않는다. 고귀한 사람은 함부로 몸을 놀리지 않는다. 가치 있는 사람은 저질적인 말과 행동을 하지 않는다.

초등학교 6학년 때 같은 반 아이가 했던 이야기가 지금까지 기억에 남는다. 교실 뒤편에서 큰 소리로 외쳤다. "내가 지금 한 가지 재미있는 상상을 해 보았어. 나중에 커서 가난하고 초라하게 사는 모습인데 각자 한 사람 한 사람 머리에 광주리를 메고 처량하게 사는 모습을 떠올려 봤거든, 그런데 안경옥은 상상이 안 되더라. 우아하게 공주 옷을 입고 우아하게 앉아 있는 모습만 떠올라." 참 재미있는 상상이었다. 나는 지금도 크게 다르지 않다고 생각한다.

고등학교 시절 우리 집은 가난의 밑바닥으로 내려앉았다. 가족이 함께할 거처 하나 없어서 비닐하우스에서 살았다. 내 의지대로 할 수 있는 것이 아무것도 없었다. 엄마도 오빠들도 그냥 대책 없이 환경에 짓눌려 버렸다. 나는 비닐하우스 속에서 사는 것을 받아들이지 못했다. 지금도 그 장소를 지나갈 때면 그때의 기억이 역력하다. 눈시울이 뜨거워진다. 나는 비닐하우스를 벗어날 궁리를 끝없이 했다. 나에게 힘은 없었지만 그곳을 벗어나고 싶었다. 내 인생에서 받아들일 수가 없었다. 나와 비닐하우스는 결코 어울리지 않았다. 난 이런 곳에서 살 사람이 아니다. 수없이 내면에서 현실을 부정하였다. 다행히 같은 반 친구가 학교 앞에서 혼자 자취를 한다는 말을 들었다. 나는 곧바로 친구에게 부탁했다. 친구의 배려 덕에 난 비닐하우스를 탈출할 수 있었다. 친구 엄마가 반찬을 해 오면 함께 맛있게 먹었던 기억이 있다. 친구는 참 착했다. 서글서글하고 키도 크고 까칠한 구석이 하나도 없었다. 함께 거처하는 동안 너무나 평화로웠다.

만약 나의 가치가 작고 낮았다면 집을 나와 있는 이때 잘못될 가능성이 높았을 것이다. 주변의 유혹도 있었을 것이고 호기심에 몸을 내 맡길 수도 있었을 것이다. 그러나 나는 나의 가치가 높다고 끊임없이 생각했다. 내 스스로 나를 함부로 여기지 않았고, 나를 함부로 여기게 내놓지도 않았다. 나는 함부로 다가가기 어려운 존재였다. 사람들은 나한테 말을 걸기도 어렵다고 했다. 그만큼 유혹의 손길이 차단되는 좋은 이미지이기도 하다.

외부의 유혹도 유혹이지만 나 자체가 외부의 유혹에 호기심을 느끼지 않았다. 사실 나는 겁이 많았다. 친구랑 1년을 함께 살았지만 단 한 번도 밤에 집 밖으로 나가 돌아다닌 적이 없다. 단 한 번도 술을 마셔 본 적이 없다. 단 한 번도 영화관이라는 곳을 가 본 적이 없다. 그 당시는 저녁 시간에 학생이 영화관에 출입하는 것이

금기시되었다. 불량 학생만 저녁에 몰래 다니는 곳이 영화관이었다. 그렇기 때문에 나로서는 영화 보는 것 자체에 흥미를 갖지 않았다. 학교에서 단체 관람만 해 보았을 뿐이다.

낮에 학교를 일찍 파하면 나는 서무과 언니들과 수다를 떨곤 하였다. 이상하게도 언니들이 나를 참 좋아해 주고 잘해 주었다. 항상 수업료를 제때에 내지 못해서 서무과 언니들이 빨리 기억했다고 한다. 동정심으로 한두 번 말을 걸어 주고 하다가 친해진 것이다. 숙맥처럼 말수가 없던 나는 서무과 언니들과는 왜 그렇게 말이 잘 통했는지 모른다. 마치 내 친언니처럼 자상했고 난 동생처럼 의지했다. 서무과장님까지도 아버지처럼 나를 예뻐해 주셨다.

학교에서 나의 생활 태도가 선생님들에게는 모범생으로 보였나 보다. 비록 공부는 뛰어나게 잘하지 못했지만 선생님들은 나를 상위권 학생처럼 대우해 주었다. 고 1때 부담임 선생님은 내가 고 3이 될 때까지 나를 챙겨 주었다. 처음에는 선생님이 잘해 주는 게 부담스러웠지만 관심을 기울여 주는 게 꼭 아버지 같았다. 뒤에 들은 말이지만 아버지가 돌아가셨다는 것을 알고 아버지처럼 챙겨 주고 싶은 마음이 생겼다고 한다. 선생님은 주로 제과점으로 나를 데리고 갔다. 그때는 제과점에서 빵을 시켜 먹는 게 유행이었다. 친구들과 만날 때는 으레 제과점에서 갓 구워 나온 빵을 시켜 먹었다. 제과점을 나올 때는 꼭 사탕을 손에 쥐어 주었다. 어떤 때는 초밥 집에도 데려가 주었고 다양하게 이곳저곳을 데려가 주었다. 졸업 뒤에도 취직을 시켜 주기 위해 몇 차례 연락도 해 주었다. 잊지 못할 은인이다. 선생님은 내가 졸업하고 얼마 뒤에 교육청으로 들어가서 장학사가 되었다는 이야기를 들었다.

만약 내 학교생활이 불량했고 행동이 불성실했다면 그토록 오랜 시간 선생님의 친절한 배려를 받았을까? 자신에 관해 부정적이고 생각이 고상하지 않고 가치가 낮았다면 선생님이 3년간을 옆에서 지켜봐 주었을까? 나는 나름대로 나의 가치관이 뚜렷했고, 행동에 절도가 있고 생각이 올바르게 정립되어 있었기에 나를 특별하게 아껴 주었다고 생각한다.

생각해 본다. 내가 생각하는 내 가치를. 나는 나름대로 나를 비싸게 포장했고 저급한 행동은 하지 않았다. 만약 누구나 보기에 쉽게 행동했다면 선생님으로부터 학창 시절 내내 이런 인격적 존중을 받지는 못했을 것이다. 물론 이토록 기억에 남을 만한 스승과 제자로 좋은 관계를 유지하지도 못했을 것이다.

나는 매 순간 소중하고 가치있고 존중받을 만한 사람이라는 것을 믿어 의심치 않았다. 어느 순간에도 어느 누구한테도 말이다. 자신의 가치를 낮게 여기고 함부로 행동한다면 다른 사람도 나를 그렇게 대한다. 잊지 마라. 자신의 가치는 자신이 정하는 것이다.

05   공부하는 태도가 인생의 태도가 된다

당신은 평소 어떤 습관을 가지고 있는가. 편안한 시기에 남는 시간을 어떻게 활용하고 있는가? 누군가는 책을 보며 시간을 보내기도 하고 누군가는 TV 드라마를 시청하면서 시간을 보낸다. 또 누군가는 주로 맛있는 것을 먹기도 하고 누군가는 잠을 잘 것이다. 내가 시간 활용에 관해 묻는 이유는 우리의 인생의 태도가 어떻게 확립되었는가를 돌아보기 위해서다. 나는 주로 혼자 있을 때 자기 계발을 위해 시간을 투자한다. 책을 읽든 공부를 하든 뭔가 지적 욕구를 채우는데 시간을 사용한다.

한때 대학 공부를 같이 했던 언니가 있다. 그녀는 그때 당시 나이가 40대 초반이었다. 외모는 물론 말투도 세련되었다. 쉽게 대할 수 없는 품위 있는 그런 인상이었다. 이야기를 하다 보니 대학 학위가 이미 있지만 새로운 언어에 도전하고 싶어 다시 대학 공부를 시작했다고 한다. 참 멋있지 않은가. 현재도 충분히 만족할 만한 삶을 사는데 또다시 공부를 한단다. 자신의 지적 성장을 위해 늦은 나이인 데도 불구하고 공부하려는 태도가 값져 보였다. 우리는 4년 내내 끝까지 의리 있게 함께 공부했다.

현재 이 언니의 나이는 60살이다. 평생을 공부해 왔기 때문에 집에서 짬짬이 과외를 하고 있다. 수입은 월 수백만 원. 항상 과외 대기자가 기다리고 있다. 자리가 나기만을 기다리는 몸값 있는 선생님이다. 보통 나이 60살이면 할머니가 될 준비를 하는 게 정상이다. 그런데 이 언니는 자신을 계발하는데 평생의 시간을 사용한다. 늙어가는 모습도 아름답다. 우리는 인생에서 공부하는 태도를 얼마나 확보할까. 공부하는 태도를 얼마나 유지하려고 할까. 공부하기를 두려워하지 않고 즐기는 사람은 그 인생의 환경에 많은 영향을 미친다. 노력하는 자세가 인생에 적극 반영된다. 공부하는 인생이 어찌 빛나지 않을까.

함께 공부한 언니 중 다른 한 명은 왕성한 독서가다. 시간만 나면 책을 읽는다. 틈만 나면 읽는다. 도서관에서 독서 동아리를 20년

째 하고 있다. 책 읽기는 범위가 워낙 폭 넓어 내가 감히 문학을 아
는 체할 수가 없다. 책을 워낙 좋아하다 보니 드라마 작가 교육까지
받았다. 현재 여러 편의 드라마를 쓰고 있다. 언니의 목적은 오로지
글을 쓰는 것이기에 글 쓰는 행위 자체에 만족한다. 쓴 글을 출판사
에 투고도 하고 방송국에 보내기도 하면 좋을텐데. 어쨌든 언니는
늘 자기 계발을 위해 공부에 매진한다. 옆에서 이런 모습을 보면서
많은 걸 느끼고 배운다. 생각하는 것도 참 긍정적이다. 얄팍하거나
이기적인 게 하나도 없다. 만나면 편하다. 어떤 이야기를 해도 다
받아줄 것처럼 편안하다. 언니와 관계된 모임도 모두가 공부와 연
관된 것들이다. 대화가 끊임없이 공부 이야기다. 공부 습관이 배어
있는 사람은 뭔가 다르다. 생활이 어수선하지 않다. 단순하고 체계
가 잡혀 있다. 인생의 그림이 확실하게 잡혀 있다.

그렇다. 공부하는 사람은 뭐든 열심히 한다. 재테크든 공부든
제대로 몰입한다. 항상 공부하는 태도를 유지해 온 사람들은 인생
이 정갈하다. 흐트러지지 않는다. 생활에 절도가 있다. 자신의 일과
표가 있다. 그냥 되는 대로 무작정 살지 않는다. 하나를 하더라도
계획적으로 한다. 삶을 그냥 흘러가는 대로 보내지 않고 항상 생각
이 있고 계획이 있다. 공부하는 태도는 인생의 태도에 지대한 영향
을 미친다.

시청에 다니는 또 다른 언니가 있다. 20여 년을 모범적으로 시

청에서 근무한 사람인데 이 언니 역시 대학 공부를 하면서 만났다. 이 언니는 불혹의 나이에 대학 공부를 다시 하겠다고 한국방송통신대학교에 들어왔다. 시청에 부부 직원으로 일하면서 살림살이도 넉넉할 텐데 공부를 하겠다는 것이다. 어떤 대단한 꿈이 있어서 공부하는 것도 아니었다. 그냥 공부가 하고 싶어서 새로운 마음으로 시도를 하였단다. 공부를 하면서 꾸준히 시를 썼다. 수시로 시를 쓰는 문인들과의 모임을 통해 공부하는 분위기에 젖어 살았다. 어느 날 시청을 그만두고 친정아버지가 운영하던 한문 학원을 운영하게 되었다. 한문 공부를 일찌감치 했기 때문에 한문을 가르치기엔 손색이 없었다. 언니의 일상은 공부하는 일과로 꽉 짜여 있었다. 대학 공부와 한자 학원 운영, 시 쓰는 일. 잠시라도 틈이 없을 정도로 바쁘게 살고 있다. 그러면서도 틈날 때마다 도서관에 나와 있다. 늘 책을 가까이 하기 때문이다. 어떻게 저 나이에 저렇게 아름답게 살 수 있는지 내게 본이 되었다. 내 나이는 언니보다 한참 어렸기 때문에 보고 배울 수 있는 게 많았다.

공부하는 언니들을 만나면 온종일 수다를 떨어도 허해지지가 않는다. 그러나 인생을 낭비하면서 사는 사람을 만나면 잠시라도 같이 있기가 힘들다. 의미 없는 수다 떨기는 곤혹이다. 한때는 친구들 모임을 만들었었다. 가끔 만날 생각에 흔쾌히 승낙을 하였다. 만나면 밥 먹고 수다 떨고 또 어디론가 가서 차를 마시면서 종일 수다를 떨다가 헤어진다. 한두 번은 괜찮았는데 더는 지속을 못했다. 내게는 그런 만남이 보통 힘든 게 아니다. 온종일 무의미한 대화를 하면서 먹고 마시고 노는 만남은 내 취향이 아니다. 그런 모임은 무료하고 허했다. 집으로 돌아오는 길이 즐겁지 않았다. '온종일 시간 낭비하고 뭐하는 건가?'라는 의문만 들었다. 그래서 다시는 그런 모임에 참석하지 않는다.

모임에도 의미가 있어야 한다. 득이 있고 지적 전달을 받고 깨달음이 있어야 한다. 동기 부여가 되어서 나도 뭔가 해 봐야지, 노력해 봐야지 하는 자극을 받는 모임은 얼마나 진취적인가. 얼마나 생산적인 모임인가?

나에게 진정한 행복을 주는 교육 모임이 있다. 매주 2회씩 정기적으로 모이는 교육 프로그램을 위한 모임이다. 이런 부류의 모임은 항상 나를 새로운 사람으로 변화시킨다. 내 삶을 돌이켜 보게 하고 발전해야 할 부분을 따뜻하게 안내받는다. 난 그런 교육 모임이 좋다. 모임에 참석하는 사람들 대부분은 평생을 공부하는 자세로 산다. 항상 책을 읽고 연구하고 토의한다. 늙지 않는다. 언제나 단정한 옷차림을 하고 있다. 얼굴에 자신감이 있고 항상 미소를 띠우고 있다. 누구한테도 꿀리지 않는 삶을 살고 있다. 내적으로 풍만한 지식이 꽉 차 있기 때문에 표정에 여유가 있다. 누구를 막론하고 대화에 응할 자신감까지 가지고 있다.

그렇다. 평소 공부하는 태도를 유지하는 사람은 인생을 사는 태도가 다르다. 삶이 불안하도록 내버려 두지 않는다. 언제나 공부하고 받아들일 자세가 갖추어져 있기 때문에 개선하려고 노력한다.
생활의 대부분이 긍정 모드로 바뀐다.

06 공부의 목표는 성공이 아니라 행복이다

우리는 왜 공부를 할까. 목표를 위해서? 성공을 위해서? 어차피 목표는 성공을 위해서가 아닐까? 그 성공을 하기 위해 공부해야만 하는 종류도 참으로 다양하다. 언어, 문화, 기술, 컴퓨터 등 하나하나 꼽자면 이루 말할 수가 없이 많다. 하지만 공부를 쏙 성공을 위해서만 한다면 참으로 안타까운 일이다.

이 세상에는 성공했지만 행복하지 않은 사람들이 의외로 많다. TV 보도를 통해서도 쉽게 알 수 있다. 성공과 명예를 얻었지만 가정이 붕괴되는 일도 있고, 사랑하는 사람이나 좋은 벗을 잃는 경우도 있다. 일일이 언급하면 입이 아플 정도다.

　어린이집 원장으로 성공을 거둔 지인이 있다. 일찍부터 영어 공부를 시작하였고 보육 교사 자격증을 땄다. 유아교육을 전공한 뒤 어린이집을 운영하였다. 교육 방식이 남달라서 주변 사람들에게 알려지기 시작했고 지역에서는 그야말로 성공한 사람이었다. 지금처럼 성공하기까지 끊임없이 공부를 해 왔고 그에 걸맞는 성공을 거두었다. 그러나 그녀는 행복하지 않았다. 성공했으나 그 성공이라는 열매에 내적 행복을 발견할 만한 뭔가가 없었기 때문이다. 돈은 많으나 주변에 사람이 없다. 평생 성공만을 향해 달려 왔지만 앞뒤 안 보고 달리는 사이에 가족은 어느새 남이 되어 있었다.

　성공을 해서 남과는 다른 부를 자랑하는 사람도 있을 것이다. 남보다 더 큰 평수의 집을 소유하고 몇 천만 원짜리 번쩍거리는 가구를 들여놓고 외제차로 부를 과시하고 명품을 휘감고 자신을 돈 보이게 할지언정 내면의 행복이 결여됐다면 너무나 불행한 인생이다. 겉으로는 완벽하게 화려하고 행복해 보이는데 정작 내면의 모습은 허탈하고 사람과 사랑에 대한 갈증을 느낀다.

　명예욕은 또 얼마나 지독한가.《산골로 간 예술가들》이라는 책을 보면 '절에 있는 중도 명예욕은 떨쳐버리기 힘들 것'이라고 나온다. 아예 맛보지 못한 사람은 모르겠지만 명예욕을 살짝이라도 경험한 사람은 자신의 이름이 유명해진다는 유혹에 넘어가기 쉽다.

성공은 부가적인 것이어야 한다. 행복 안에 성공이 머물러야 한다. 공부의 목표가 오로지 성공만을 향해 달리다 보면 위의 사례처럼 주변 사람을 잃을 수도 있다. 우리는 행복하기를 바란다. 본능적으로 행복을 추구한다. 누구를 막론하고 행복을 갈구한다. 지속적으로 불행하다고 느끼는 사람은 스스로 목숨을 끊기도 한다. 인간은 본능적으로 행복을 추구하고 또 행복해야 한다. 어찌 보면 행복은 인간 삶에서 최대 관심사이기도 하다. 행복은 돈이 많든 적든 모두가 갈망한다. 성공에는 경중의 차이가 있지만 행복은 그렇지 않다. 돈이 있고 없고를 떠나서 사람이라면 누구나 행복을 꿈꾼다. 공부도 결국은 행복한 삶을 위해서 하는 것이다. 최선을 다해 공부하다 보면 어느새 목표에 도달해 있고 그 성취감 때문에 행복을 느낀다.

내 딸아이는 언어 공부에 많은 흥미를 느끼고 있었다. 외국에 나가서 다양한 경험을 하고 사람들을 돕는 자원봉사 생활을 하고 싶다고 하였다. 딸아이는 캄보디아 언어를 배우고 싶다면서 언어 공부를 시작했다. 공부를 시작한지 3개월만에 잠시 캄보디아를 견학차 다녀왔다. 동기 부여가 되었는지 캄보디아를 다녀온 뒤 더 열심히 공부하였다. 언어 공부를 시작한지 6개월만에 기본적인 회화가 가능해지자 짐을 싸서 아예 캄보디아로 이사를 갔다. 그곳에서 평소 자기가 원하던 대로 다양한 사람을 만나고 다양한 경험을 즐겼다. 또한 대학교에서 한국어를 가르치며 보람된 생활을 하였다.

그뿐 아니라 캄보디아 친구들에게 눈을 크게 뜨고 세계를 향하도록 정신과 마음에 동기 부여를 해 주는 멘토로 살았다. 캄보디아에 살면서 적응을 잘하고 행복해 해서 나도 덩달아 행복했다. 잠시 한국에 나오면 한국에 사는 캄보디아 친구들을 잔뜩 집으로 초대한다. 딸 때문에 우리 가족은 외국 사람을 심심찮게 접대한다. 비록 피부와 언어는 다르지만 그들의 생각이나 삶이 우리와 별반 다르지 않다는 것을 알게 된다. 모두가 행복을 꿈꾸기에 삶이 별반 다르지 않은 것이다.

결혼을 하여 해외로 간 딸과 사위의 생활은 그야말로 행복 그 자체다. 사위는 언어 감각이 매우 뛰어나다. 4개 국어를 능숙하게 하기 때문에 중국에서도 통역과 번역을 부업으로 하면서 생활하고 있다. 딸 부부를 보면 '공부를 평생에 걸쳐서 하고 있는 나'를 마주 보게 된다. 그 공부는 커다란 성공을 바라보지 않는다. 다만 원하고 바라는 생활을 하며 행복하게 사는 것을 목표로 한다.

우리의 진정한 성공은 이런 것이어야 한다. 랄프 왈도 에머슨은 "성공이란 종종 그리고 많이 웃는 것, 지적인 사람들의 존경과 어린이들의 사랑을 받는 것, 비평가들의 인정을 받고 나쁜 친구의 배신을 참는 것, 아름다움을 소중히 여기는 것, 다른 사람의 장점을 발견하는 것, 이 세상을 보다 나은 곳으로 만드는 것."라고 말했다.

진정한 성공은 결국 행복해지는 것이다. 행복이 결여된 성공은 진정한 성공이 아니다. 그런 성공은 삶이 허탈한 공허한 성공일 뿐이다. 내적 자유와 뿌듯함과 사랑과 만족이 가득해야 성공한 사람으로서 웃을 수 있다. 우리가 공부를 해서 궁극적으로 바라는 것은 돈과 명예, 권력을 탐하는 것이 아니다. 소소한 행복을 발견하는 것이고, 매일 만족감 가운데 삶의 활력을 느끼기를 바라는 것이다. 알베르 카뮈도 "행복은 우리가 시간을 들여 열중하는 모든 것."이라고 했다. 공부의 목표를 성공으로만 생각하고 공부에 매진했는가. 그렇다면 다시 점검해 보자. 공부를 해서 진정 내가 원하는 삶을 살 수 있는가? 내가 진정 행복해질 수 있는가? 내가 성공하려는 것과 행복이 일치하는가?

행복은 어느 하나가 채워지지 않으면 느낄 수 없다. 성공만이 인생의 최대 목표인 양 숨 가쁘게 달리지 말자. 진정으로 행복해 질 수 있는 나를 찾자. 내 안의 나를 기쁘게 받아들이자. 내 안의 나를 사랑하자. 결국 나를 사랑하기에 우리는 공부를 하는 것이다. 행복해지기 위해 공부를 하는 것이다. 행복은 인생 최대의 관심사이자 선물이다.

저절로 공부하게 만드는 힘

공부 습관

초판 1쇄 발행	2018년 2월 28일
지은이	안경옥
펴낸이	한승수
펴낸곳	온스토리
편 집	정내현
디자인	김연수
마케팅	신기탁
등록번호	제2013-000037호
등록일자	2013년 2월 5일
주 소	서울시 마포구 동교로27길 53 지남빌딩 309호
전 화	02 338 0084
팩 스	02 338 0087
E-mail	moonchusa@naver.com
I S B N	978-89-98934-32-3 (13590)

*책값은 뒤표지에 있습니다.
*잘못된 책은 구입처에서 교환해 드립니다.